Einfach Hund

Ratgeber für ein unkompliziertes Zusammenleben

DR. ROGER MUGFORD

Einfach *Hund*

Ratgeber für ein unkompliziertes Zusammenleben

DR. ROGER MUGFORD

© für die deutschsprachige Ausgabe 2013
Kynos Verlag Dr. Dieter Fleig GmbH,Konrad-Zuse-Str. 3, D-54552 Nerdlen

Übersetzt aus dem Englischen von Gisela Rau
Titel der englischen Originalausgabe: The Perfect Dog. Raise and train your dog the Mugford way.
Veröffentlicht 2013 von Hamlyn, a division of Octopus Publishing Group Ltd., Endeavour House, 189
Shaftesbury Avenue, London, WC2H 8JY
www.octopusbooks.co.uk
Grafik und Layout: © Octopus Publishing Group Ltd 2013
Bildnachweis siehe Seite 191

ISBN: 978-3-95464-003-4

Dr. Roger Mugford gilt als der führende Tierpsychologe
Großbritanniens. Er hat Universitätsabschlüsse in
Zoologie und Psychologie. Er war der erste praktisch
arbeitende Verhaltenstherapeut für Tiere und gründete
1979 sein Animal Behaviour Centre, das heute das größte
seiner Art ist. Seine Methoden wurden von Tierärzten in
ganz Großbritannien übernommen.

Dr. Mugford trägt regelmäßig zu internationalen Tagungen,
Büchern, Radio- und Fernsehsendungen über Tiere bei.
Außerdem hat er mehrere Hilfsgegenstände für das Training
erfunden, so zum Beispiel das weltbekannte 'Halti'.

Inhalt

Vorwort   6

Hunde früher und heute – Die Wahrheit über Hunde   8

Ein Hund soll ins Haus – Was Sie wissen müssen   24

Die Mensch-Hund-Beziehung – Verhalten formen, die Beziehung stärken   44

Trainingstechniken – Immer schön locker bleiben   64

Warum macht er das? – Herausforderungen im Training   84

Verhaltenstherapie – Techniken für schwierigere Fälle   98

Fütterung – in Theorie und Praxis   130

Alltagsleben – Haltung und andere praktische Fragen   148

Der alte Hund – Ein neuer Lebensabschnitt   164

Ein besserer Ort für Hunde – Was bringt die Zukunft?   176

Danksagung   186

Index   187

Vorwort

Dieses Buch ist das Ergebnis meiner 32-jährigen Arbeit mit Menschen, die ihre Hunde lieben und dabei Gefühle entwickeln, die manchmal beinahe so stark sind wie die zwischen Eltern und Kind. Meine Praxiserfahrung in der Verhaltenstherapie von Hunden und Problemlösung hat mir vielfältige Einsichten in das Leben und die Bedürfnisse von Hundehaltern ermöglicht, die eine bessere Beziehung zu ihrem Hund erreichen wollten. Die meisten Menschen sprechen selbst vor ihrem Arzt, Steuerberater oder Anwalt nicht so offen und ehrlich über sich selbst wie dann, wenn sie über ihre Gefühle, Sorgen und Freuden rund um den Hund berichten.

Zum Glück unterscheidet sich Hundeverhalten gar nicht so sehr von unserem und unsere vermenschlichenden Projektionen verschaffen uns recht genaue Einsichten dazu, warum Hunde sich so oder so verhalten. Wie Kinder müssen sie erzogen und zum Lernen angeregt werden, um dann hoffentlich zu selbstbewussten und vertrauenswürdigen Erwachsenen zu werden.

Die Kunst des Hundetrainings beruht auf einem sehr einfachen Prinzip: Tiere wiederholen Verhalten, die angenehme Konsequenzen für sie haben und vermeiden solche, die zu unangenehmen Ergebnissen führen. Es ist nichts anderes als das Prinzip von Belohnung und Strafe, und Hunde funktionieren in dieser Hinsicht nicht anders als Menschen: Sie genießen die Belohnung guter Nahrung, von Gesellschaft und einem bequemen Zuhause und meiden Schmerzen, soziale Isolation oder Hunger. Alles, was wir tun, wird durch die Konsequenzen unserer Handlungen bestimmt: Wenn wir eine rote Ampel überfahren, könnten wir sterben und wenn wir eine heiße Herdplatte anfassen, verbrennen wir uns (aber nur einmal!). Genauso lernt ein ungehorsamer oder problematischer Hund, etwas Bestimmtes zu tun, weil es sich für ihn lohnt – unsere Aufmerksamkeit zu gewinnen, selbst wenn wir ihn beschimpfen, kann das zum Beispiel eine Belohnung für ihn sein und das unerwünschte Verhalten ungewollt bestärken. Hunde sind unglaublich clever und manipulativ, wenn es darum geht, Zeit, Aufmerksamkeit und Ressourcen von uns zu bekommen. Darum ist manchmal die Hilfe eines Profis nötig. Ich hoffe, dass Sie nach dem Lesen dieses Buchs wissen, wie Sie die Dinge auch ohne diese Kosten und diesen Aufwand selbst zum Besseren wenden können. Hundetraining kann wirklich einfach sein! Grob gesagt gibt es heute zwei gegensätzliche Lager im Hundetraining: Diejenigen, die Hunde zwingen, anstatt sie zu überzeugen und ihnen mit Würgehalsbändern, Stromreizgeräten und Ähnlichem Schmerzen zufügen. Genauso falsch und naiv ist aber meiner Meinung nach ein rein belohnungsbasierter Ansatz, bei dem es niemals Strafen für schlechtes Verhalten gibt. Der beste Weg liegt in der Mitte zwischen beiden Extremen: Manchmal müssen gute Eltern auch Grenzen setzen und Regeln aufstellen, damit das Kind nicht zu einem unausstehlichen Erwachsenen wird. Auch verhätschelte Welpen können ungehorsam oder gar gefährlich werden. Regeln aufzustellen und diese konsequent einzuhalten bedeutet keineswegs, Gewalt anzuwenden. Für eine ausgewogene Beziehung sind sie aber unerlässlich.

Es ist mein Beruf, alltägliche Verhaltensprobleme zu lösen, mit denen Hunde ihre Besitzer konfrontieren. Mit großem Vergnügen teile ich meine Erfahrungen, Techniken, Tricks und Kniffe mit Kollegen, Tierärzten und allen, die ernsthaft am Wohlergehen von Hunden interessiert sind. Meine größte Hoffnung ist, dass Sie Ihren Hund nach dem Lesen dieses Buchs besser verstehen, ein besserer Trainer werden und ihn in einer gefährlichen Welt gut beschützen können.

Betrachten Sie es als ein Privileg, einen Hund zu haben, den Sie Ihr Eigen nennen dürfen...und vergessen Sie nie, dass Ihr Hund stets denkt, Sie würden IHM gehören!

1 Hunde früher & heute

Die Wahrheit über Hunde

Hunde früher & heute

Die Herkunft - Hunde sind keine Wölfe. Die Entwicklung ihrer Rolle in unserem Leben, vom Arbeiter bis zum Freund. Die Entwicklung der Rassen. Die überraschenden Ähnlichkeiten der Hunde mit uns. Die Supersinne der Hunde und wie wir sie vielleicht in Zukunft nutzen können.

Wenn das Leben mit Hunden wirklich so schwierig wäre, wie Kritiker oft behaupten, wären sie nicht zu unseren besten Freunden geworden. Mit einem Hund an der Seite zu leben sollte eine unkomplizierte Sache sein, die keine übermäßigen Kenntnisse oder Trainingsfertigkeiten von Ihrer Seite aus erfordert. Im ganzen Buch werde ich immer wieder darauf hinweisen, dass es nicht den einzig richtigen Weg zum perfekten Hund gibt: Lassen Sie die Beziehung zu Ihrem Hund sich so entwickeln, wie Sie es möchten – und nicht auf die übertrainierte und überdisziplinierte Art und Weise, die man Ihnen wahrscheinlich als 'korrekt' verkauft hat. Dieses Buch trägt den individuellen Persönlichkeiten unserer Hunde und ihren unterschiedli-

Felszeichnungen wie diese aus dem bronzezeitlichen Schweden zeigen, dass die Partnerschaft zwischen Mensch und Hund schon Zehntausende von Jahren alt ist.

'Mit einem Hund an der Seite zu leben sollte eine unkomplizierte Sache sein, die kein immenses Wissen erfordert.'

chen Beziehungen zu Menschen Rechnung. Es möchte auch viele der Mythen widerlegen, die in der Welt des Hundetrainings umhergeistern.

Meine Methode steht harmlosen Marotten Ihres Hundes gnädig gegenüber, hilft aber gleichzeitig, die problematischen Angewohnheiten loszuwerden, die Hund (und Mensch!) entwickeln können. Ich habe viel Zeit damit verbracht, Techniken zur Verhaltensänderung zu perfektionieren und will diese gerne

mit Ihnen teilen. Ich möchte, dass Sie Erfolg haben und optimistisch an Problemlösungen gehen. Das Schlüsselelement besteht darin, ein praktisches Gleichgewicht zwischen Belohnungen zu finden, die das Verhalten Ihres Hundes motivieren, und den Strafen, die es hemmen. 'Belohnung versus Strafe' ist das Kernthema dieses Buchs und zeigt Ihnen, wie Sie Ihren Hund so trainieren, dass er das tut, was Sie möchten.

Ihr Hund ist kein Wolf

Oft heißt es, dass ein Wolf im Gehirn und im Körper des Hundes lauert. Dabei wird davon ausgegangen, dass Hunde aus der Domestikation des Wolfs entstanden sind – vielleicht aus mehreren verschiedenen Wolfsspezies, die man in Asien, Europa und Amerika entdeckt hat. Eine genaue vergleichende Untersuchung der Anatomie, besonders des Gebisses, des Verhaltens und der Kommunikationsgewohnheiten deckt jedoch große Unterschiede zwischen Hunden und Wölfen auf. So ist zum Beispiel das Stimmrepertoire des Grauwolfs viel größer als das der Haushunde, wobei Hunde aber insgesamt meist lauter sind als Wölfe. Das territoriale Bellen ist beim Hund zu etwas ziemlich Lästigem geworden, kommt bei Wölfen aber nur selten vor. Auch Winseln ist bei erwachsenen Hunden, die Futter oder Aufmerksamkeit fordern, normal und weit verbreitet – bei Wölfen ist es aber ein ausschließliches Merkmal von Welpen, die ihre Mutter um Futter anbetteln. Das langgezogene Kontaktheulen der Wölfe dagegen ist für Hunde ungewöhnlich, auch wenn man sie dazu trainieren kann. Wenn Sie Hunde verstehen möchten, so lehrt mich die Erfahrung, müssen Sie Hunde studieren – und keine Wölfe. Warum vergleichen dann so viele Autoren in ihren Büchern immer Hunde mit Wölfen? Die große Veränderung im wissenschaftlichen Denken über die Wolf-Hund-Beziehung hat erst kürzlich mit der Entschlüsselung des hündischen Genoms und der Untersuchung der mitochondrialen DNA stattgefunden. Letztere ermöglicht es den Forschern, die Beziehungen zwischen in verschiedenen Regionen lebenden Hundetypen zurückzuverfolgen. So können wir uns sicher sein, dass mindestens zwei Drittel der heutigen Hunderassen vom asiatischen Vorfahren Protocanis abstammen.

Wölfe heulen, um Kontakt zu den anderen Rudelmitgliedern zu halten: Eins der Verhalten, das sie nicht mit Haushunden teilen.

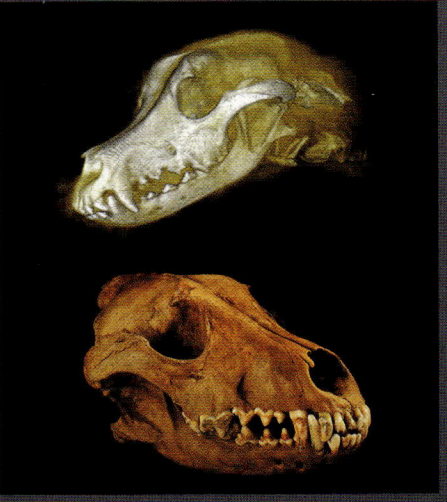

Der Kiefer eines Wolfs (*Canis lupus*) hat viel kräftigere Fangzähne (oben) als der eines Hundes (*Canis lupus familiaris*) (unten).

Wie hat sich der Hund entwickelt?

In der Literatur findet sich seit langem der hartnäckig tradierte Glaube, Hunde stammten von Wölfen ab und Ihr Hund sei gewissermaßen ein Wolf in domestizierter Form. Ich hatte an dieser Theorie schon immer Zweifel, weil die Hunde, Wölfe und Wolfshybriden, die ich kennengelernt habe, so sehr unterschiedlich waren. Einfach gesagt: Hunde verhalten sich wie Hunde, nicht wie Wölfe. Ich finde es wichtig, diesen Mythos zu hinterfragen, weil er zum einen eine unbegründete Angst vor Hunden als gefährlichen Tieren fördert, die sich plötzlich auf ihre Besitzer stürzen könnten, und zum anderen als Rechtfertigung für eine harsche und dominierende Umgangsweise mit Hunden dienen kann. Meiner jahrelangen Erfahrung nach funktioniert ein auf Geben und Vergeben basierender Weg für die meisten Mensch-Hund-Beziehungen am besten.

Der perfekte Begleiter

Hunde als reine Begleiter zu halten ist nicht etwa eine Luxuserscheinung unserer modernen Gesellschaft. Unsere Beziehung zu Hunden reicht über viele Jahrtausende und wir haben

> 'Meiner Erfahrung nach funktioniert ein auf Geben und Vergeben beruhender Weg für Mensch-Hund-Beziehungen am besten.'

uns beide gemeinsam zu einer fast perfekten Partnerschaft entwickelt. Archäologische Funde zeugen von vor 12 - 14.000 Jahren gemeinsam begrabenen Menschen und Hunden in Europa und Mittelasien. Unser vor Kurzem verbessertes Verständnis der DNA lässt die Vermutung zu, dass diese frühen Hunde sich selbst schon deutlich früher den Menschen angeschlossen haben. Dies scheint vor allem in Zentralasien passiert zu sein, wo eine kleine, aber heute ausgestorbene Spezies *Canis lupus variabilis* das fehlende Verbindungsglied zwischen wildem und domestiziertem Hund darstellt. Lassen Sie uns diesen Hundevorfahr als ‚Protocanis', als Protohund, bezeichnen – und das Wichtige ist, dass er kein Wolf war. Das Verhältnis zwischen den frühen Menschen und Protocanis beruhte wahrscheinlich gar nicht auf geplanten Bemühungen seitens unserer Vorfahren. Vermutlich

Hunde bereiten mir mehr Freude als beinahe alles andere im Leben. Alle Hunde des 'Mugford-Rudels' fanden durch Tierheime oder Gerichtsbeschlüsse zu mir und jeder hat seine eigene Persönlichkeit.

wurden sie eher von einem kleinen Fleischfresser ,adoptiert', der Nutzen daraus zog, sich in der Nähe menschlicher Siedlungen aufzuhalten. Protocanis konnte Essensreste fressen, Schutz vor größeren und gefährlichen Raubtieren suchen und befand sich in guter Position, um von den vielen Vorteilen zu profitieren, die das Sesshaftwerden der Menschen mit sich brachte. Aus Sicht unserer Vorfahren warnten die frühen Hunde ihrerseits vor Gefahren, halfen bei der Jagd und boten sogar Hygiene-Dienstleistungen: sie fraßen ihre Fäkalien auf!

Wenn Sie sich also fragen, warum Hunde so perfekte Begleiter für uns sind, so sensibel auf unsere Stimmungen reagieren, menschliche Marotten tolerieren und fast alles toll finden, was wir tun, liegt das wahrscheinlich daran, dass ihr Zusammensein mit uns viel weiter zurückreicht und viel enger war als das mit jedem anderen Haustier. Hunde sind auf ihre Art und Weise fast menschlich geworden.

Die Vielfalt der Hunde

Wenn wir Tausende von Jahren der Evolution überspringen und auf die Zeit vor etwa 500 Jahren schauen, aus der wir verlässliche Zeugnisse von Mensch und Hund besitzen, sehen wir eine explosionsartige Zunahme in der Anzahl unterschiedlicher Hunderassen. Die Menschen begannen damals, Varianten aller möglichen Haustiere zu züchten: Schafe, Rinder, Geflügel und natürlich auch Hunde. Gleichgesinnte Züchter gründeten Klubs. Hunderassen wurden nun über typische Körpermerkmale definiert, die zwar oft an den ursprünglichen Verwendungszweck als Jagd- oder Hütehund erinnerten, aber nicht mehr eng damit in Verbindung standen. Das Streben nach ,Perfektion' in der Rassehundezucht hatte mitunter unglückliche Folgen. Ein einheitliches Aussehen lässt sich nur durch die Paarung miteinander verwandter Tiere erreichen, was mitunter auch Väter und Töchter bedeutete.

Nicht alle Rassehunde sind krank

Der Heterosis-Effekt ist ein biologisches Phänomen, das man sich vor allem in der Nutztierzucht zunutze macht: Mischlinge unterschiedlicher Rassen der gleichen Spezies (Schafe, Rinder...) wachsen schneller und sind meist gesünder als ihre reinrassigen Artgenossen. Trotz einiger weniger Extreme in der Hundewelt sind die meisten Rassehunde aber meiner Erfahrung nach gesund und haben eine gute Lebenserwartung. So gibt es z.B. nur selten kranke Border Collies oder Jack Russell Terrier. Andere Rassen dagegen wie der Golden Retriever, der für bestimmte Krebsarten anfällig ist, Deutsche Schäferhunde und natürlich die Englische Bulldogge sind eine große Herausforderung für die Tiermedizin und für uns alle, die wir uns für unsere Hunde einfach nur ein langes Leben wünschen. Manche Erkrankungen können durch tierärztliche Kunst gelindert werden, aber nur gegen erhebliche Kosten. Es gibt keine einfachen Lösungen für das komplexe Problem, das entstanden ist, weil die Richter auf Ausstellungen sich eher von der Mode als von Fitnesskriterien leiten ließen. Und mit 'Siegern' wird eben mehr gezüchtet als mit 'Verlierern'. Wollen wir hoffen, dass der Deutsche Schäferhund, der Arbeitshund par excellence, noch vor dem Niedergang gerettet werden kann. Zum Glück gibt es noch gesunde Exemplare, aber die Förderer kranker Hunde sollten sich verantworten müssen.

Im Streben nach dem, was viele Menschen als 'Perfektion' betrachten, wurden die Merkmale mancher Rassen stark übertrieben: Der gewölbte Oberkopf des Cavalier King Charles Spaniels, der große Kopf des Bulldogs und das nervöse Wesen des Deutschen Schäferhundes machen Tierärzten wie Hundehaltern gleichermaßen Sorgen.

Diese Inzucht, die man beim Menschen Inzest nennt und die durch Gesetz und kulturelle Tabus verboten ist, wird von manchen Züchtern unter dem verharmlosenden Namen ‚Linienzucht' toleriert. Sie senkt zwar die äußerliche Variabilität, aber um den Preis, auch die Variation guter Merkmale zu verringern. Inzucht fördert die Anhäufung ungesunder Gene, die, wenn sie bei beiden Eltern vorkommen, oft lebensbedrohliche Defekte verursachen können.

Die Rolle der Genetik

Die Gefahren der Inzucht wurden von Genetikern immer wieder angemahnt und standen in den letzten Jahren mit so extremen Rassebeispielen wie English Bulldogs oder Deutschen Schäferhunden in starkem Medieninteresse. Angesichts der starken Verbreitung von Deutschen Schäferhunden als Diensthunden in der Polizei oder in der Armee überrascht es vielleicht, dass ausgerechnet diese Rasse leider mehr Erbkrankheiten in sich trägt als jede andere - trotz aller Expertenbemühungen, sie von HD (einer schmerzhaften Hüftgelenkserkrankung), Fehlbildungen der Wirbelsäule, Epilepsie und einer Neigung zur Ängstlichkeit zu befreien, die manchmal zu übertriebenem Schutzverhalten führt. Zuchtverbände auf der ganzen Welt haben aber inzwischen die Rassestandards so geändert, dass sie bessere Zuchtpraktiken und gesündere Nachkommen fördern. Dazu können die Augenform, Kopfgröße (wie z.B. beim Bulldog), die Winkelung der Hüfte und so weiter gehören. Zuchtverbände und Fachtierärzte haben Systeme, mit denen sie Erbkrankheiten wie HD, Retinaatrophie oder Epilepsie beim Einzeltier erkennen können. Weiterentwicklungen im Genscreening warnen die Züchter heute rechtzeitig vor 50 bis 60 verschiedenen ungesunden Genen in der DNA einer Hündin oder eines Rüden, bevor damit gezüchtet mit. Zum Vergleich: Beim Menschen gibt es über 200 genetische Marker für Erbrkrankheiten. Vermutlich werden genetische Überprüfungs- und Beratungstätigkeiten künftig noch stärker zu einer Wachstumsindustrie.

Ein Vergleich zwischen alten Bildern und modernen Fotos des Bullterriers (oben), des Greyhounds (Mitte) und des Labradors (unten). Viele ursprünglich zum Jagen, Bewachen oder Hüten gezüchtete Hunde werden heute nicht mehr zu diesem Zweck genutzt und in jüngerer Zeit wurde in ihrer Zucht stärker auf Form als auf Funktion selektiert.

Die Entwicklung der Rassen

Heutzutage müssen die meisten Hunde keine Aufgaben wie Rattenfangen, Jagen oder Wagenziehen mehr erledigen. Die vielen verschiedenen Rassen sind oft nichts weiter als ein Modestatement ihrer Besitzer. Was den Augen von Europäern vor 150 - 200 Jahren schön erschien, kann aber sehr verschieden von dem sein, was wir heute bewundern. Alte Abbildungen zeigen, dass die meisten Rassen sich in ihrem Erscheinungsbild massiv verändert haben. Schauen Sie sich nur einmal den Bullterrier der 1920er Jahre

Schaut der Boxer rechts im Bild schuldbewusst drein, oder hat er Angst davor, für seine Zerstörungswut bestraft zu werden?

'Arbeitslinien' und 'Showlinien' von Labradors, Cocker Spaniels, Border Collies und vielen anderen Rassen. Hunde aus Arbeitslinien können wegen ihres hohen Energnieniveaus als Familienhunde sehr anspruchsvoll sein, während die Showversionen vielleicht manchmal eher dazu neigen, ruhig zu Ihren Füßen zu sitzen oder viel zu schlafen. Border Collies aus Arbeitslinien sind das beste Beispiel für dieses Phänomen, denn sie sind darauf programmiert, ständig auf eine Viehherde zu achten und sie zu hüten – was ein Problem sein kann, wenn Sie keine Schafherde besitzen!

Hunde in der modernen Welt

Unter dem Einfluss von Informationstechnologie und Urbanisierung verändert sich unsere Gesellschaft immer schneller. Insgesamt haben Hunde sich unglaublich gut an die Veränderung vom Begleiter der urzeitlichen Jäger und Sammler zum Arbeitshund auf Farmen und nun zum Leben auf beengtem Raum mit Spaziergängen in überfüllten Stadtparks angepasst. Sie verreisen mit uns, ertragen abstoßende Gerüche und Geräusche und leben von seltsa-

an und vergleichen ihn mit dem von heute (s. Fotos S. 15). Natürlich gibt es auch Rassen, die sich über die Jahrhunderte kaum verändert haben. Der Greyhound zum Beispiel wurde schon immer auf Schnelligkeit anstatt auf Aussehen selektiert und wurde so zur perfekten Rennmaschine, dessen Äußeres rein durch die Funktion und nicht durch Mode definiert ist.

'Hunde haben sich unglaublich gut an das Leben auf beengtem Raum und Bewegung in Stadtparks angepasst.'

Selbst während der 30 Jahre meiner Tätigkeit als Verhaltensberater habe ich miterlebt, wie sich manche Rassen in Aussehen und Wesen verändert haben. Zu Beginn meiner Karriere waren Show-Labradors in England meist schwere Tiere mit übergroßen Köpfen, einem schwachen Körperempfinden und impulsivem Temperament, das sie schwer trainierbar machte. In den 1970ern änderte sich die Mode und seitdem favorisieren die Richter kleinere, kompaktere und angenehmere Hunde. Es gibt auch deutliche Typunterschiede zwischen den

mer, menschengemachter Nahrung. Aber was hält die Zukunft für sie bereit? Sicher scheint, dass wir Menschen uns künftig immer weniger bewegen und draußen arbeiten werden. Statt Wachhunden haben wir heute Alarmanlagen, Kameras und Bewegungsmelder.

Das Geheimrezept der Hunde, mit dieser Welt klarzukommen, ist das, was schon immer funktioniert hat: Unser Selbstbewusstsein stärken, unserem Ego zu schmeicheln, lustig und manchmal sogar nützlich sein.

Vorführtrick?

Es gibt eine gute Methode, die Ähnlichkeit zwischen Hund und Mensch zu testen: Gähnen! Wie wir alle wissen, ist es ansteckend und hat eine starke sozial-psychologische Komponente neben dem eigentlichen Zweck, mehr Sauerstoff zu unserem Gehirn zu transportieren. Das gilt auch für Hunde, wie man 2008 an der Universität von London herausfand: Hunde lassen sich vom Gähnen ihrer Besitzer anstecken.

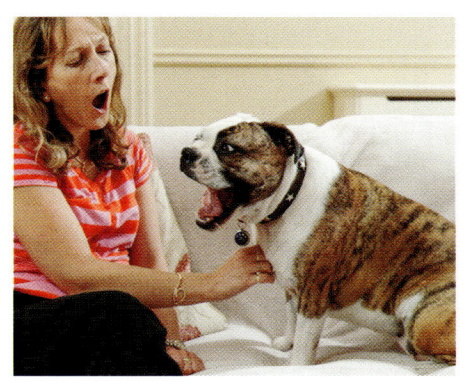

Uns ähnlicher, als wir denken

Die ständig wachsende Beliebtheit von Hunden als Haustieren zeigt, dass wir sie heute eher aus psychologischen als praktischen Gründen schätzen. Wir suchen ihre Gesellschaft. Hunde können die meisten der Gefühle ausdrücken, die Anthropologen als menschlich bezeichnen. Wer sagt, ‚es ist doch nur ein Hund' oder ‚vermenschliche ihn nicht' könnte also falsch liegen. Meine eigenen Hunde sind zum Beispiel furchtbar eifersüchtig, wenn wir einen von ihnen bevorzugen. Sie sind traurig, wenn wir weggehen und einer von ihnen straft uns sogar mit zurückhaltender Begrüßung, wenn wir ohne ihn weggegangen sind. Hunde haben genau wie Menschen Launen und und manche sehen schuldbewusst aus, wenn sie etwas falsch gemacht haben. Hunde und Menschen reagieren auf viele Situationen ähnlich. Wir lernen voneinander und schlaue Hunde wissen schnell, unsere nächste Bewegung, unsere Vorlieben, die Bedeutung kleiner Gesten oder unseren Gesichtsausdruck zu deuten. Enge Hund-Mensch-Beziehungen bringen tatsächlich so etwas wie gedankenlesende Hunde hervor. Mit manchen Sinnesleistungen nehmen Hunde die Welt aber auch anders wahr als wir.

Die 'Supersinne' der Hunde helfen uns dabei, vom Verbrecher bis zum Fasan alles Mögliche zu jagen. Bloodhound (links) und Cocker Spaniel (Mitte) benutzen dazu ihre Nase, der Greyhound (rechts) eher die Augen.

Besondere Fähigkeiten

Hunde sind viel empfindlicher für hochfrequente Töne bis hin zum Ultraschallbereich von 25 Kilohertz und darüber. Erwachsene Menschen dagegen reagieren nur auf Töne bis etwa 20 Kilohertz.

Früher hielt man Hunde für farbenblind, aber heute wissen wir, dass das nicht stimmt. Allerdings ist ihr Spektralsehen anders als unseres. Am oberen Ende des sichtbaren Spektrums können Hunde nur schlecht rot erkennen, während sie die niedrigeren Wellenlängen von grün und blau gut sehen können. Ihr Farben-

schennasen. Entscheidend ist, dass sie sich auf bestimmte Gerüche konzentrieren und diesen bis zu ihrem Ursprung folgen können, auch wenn sie dabei schwächer werden. Das ist das Geheimnis von Spürhunden, die sich entweder am Individualgeruch einer Person oder am Geruch zertretener Bodenvegetation orientieren. Hunde können aber darüber hinaus auch unglaublich schwache Geruchskonzentrationen noch wahrnehmen. Aus erster Hand erlebte ich das einmal, als ich in einem Postdoktoranden-Programm im Zentrum für chemische Sinneswahrnehmungen an der Universität von

'Das leiseste Zittern eines Hasenohres kann für einen Beutegreifer der entscheidende Anstoß zur Jagd sein.'

sehen ähnelt eher dem von rot-grün-blinden Menschen. Es wäre also viel sinnvoller, Hundespielzeuge in blau anstatt rot oder orange herzustellen.

Hunde sind besonders gut im Wahrnehmen von Bewegungen. Das ist auch sinnvoll für einen Beutegreifer, für den das leiseste Zittern eines Hasenohres der entscheidende Anstoß zur Jagd sein kann. Wirklich haushoch überlegen sind Hunde uns aber mit ihrer Nase. Dabei ist es egal, ob Hundenasen hundert, tausend oder eine Million Mal empfindlicher sind als Men-

Philadelphia forschte. Wir untersuchten die Riechleistung eines Deutschen Schäferhundes namens Max und stellten fest, dass er die Präsenz von Alpha-Ionon noch in einer Konzentration von 10 - 14 wahrnehmen konnte, was ungefähr einem Molekül Geruchsstoff in einem großen Raum voller Luft entspricht!

Wenn sich zwei Hunde begegnen, nehmen sie über das Beschnüffeln wichtige Informationen über Sexual- und Gefühlsstatus des anderen wahr. Auch aus den Urinmarkierungen, die ein anderer Hund zurückgelassen hat, erfahren sie viel Interessantes.

Pheromone: Sexy Parfums für Hunde

In den letzten Jahren gab es ein starkes Interesse an der Vermarktung spezieller Duftstoffe, die angeblich den Gefühlszustand von Hunden beeinflussen sollen. Man bezeichnet sie häufig als hündische Pheromone. Was sind Pheromone eigentlich? Man entdeckte sie ursprünglich bei Insekten: Winzige Mengen eines bestimmten Stoffs konnten das Verhalten eines anderen Insekts der gleichen Art dramatisch verändern. Diese Stoffe sind immer artenspezifisch und rufen beim Empfängertier vorhersehbare Reaktion hervor. Meistens haben sie mit Sex zu tun, so sucht eine männliche Motte z.B. nach einem Weibchen, das einen 'Komm und nimm mich'-Geruch verströmt, folgt dem Duft und voilà - Sex!

Bei Säugetieren ist das Verhalten insgesamt komplexer als bei Insekten und wird durch Lernerfahrungen aus früheren Begegnungen mit bestimmten Düften beeinflusst. Urin und Scheidensekret einer läufigen Hündin sind deshalb für einen Rüden interessant, weil er sie früher schon im Zusammenhang mit einer sexuellen Begegnung erlebt hat. Wissenschaftliche Versuche haben gezeigt, dass sexuell unerfahrene Rüden weniger stark auf den Geruch einer läufigen Hündin reagieren als sexuell erfahrene. Den chemischen Geruchscocktail, den eine läufige Hündin produziert, darf man jedoch nicht als Pheromon beschreiben – er ist eher eine Einladung an mögliche Liebhaber, die je nach ihren vorherigen Erfahrungen mehr oder weniger stark darauf reagieren.

Geschickte Verkäufer haben dieses falsche Verständnis von Pheromonen genutzt, um verschiedene Aspekte des Hundeverhaltens zu beeinflussen. Ein Produkt behauptet von sich, die Duftstoffe nachzuahmen, die eine säugende Hündin in der Nähe ihrer Milchzitzen absondert und dass es deshalb erwachsene Hunde mit dem gleichen Mechanismus beruhigt, der auch Welpen glücklich und entspannt saugen lässt. Die Beweise für die Wirksamkeit dieses sogenannten 'Dog Appeasing Pheromone - DAP' sind jedoch dünn. Immerhin ist es eine nette Geschichte - wenn sie denn wahr wäre!

Wenn solche Mischungen tatsächlich wirken, kann das einfach damit erklärt werden, dass der Geruch angenehme Erinnerungen an die Vergangenheit wachruft. Genauso funktioniert es auch bei uns, wenn uns ein Geruch an das Parfum unserer ersten Verabredung oder an unser erstes neues Auto erinnert.

Nach vielen Forschungsjahren bin ich zu dem Schluss gekommen, dass so komplexe Wesen wie Hunde, Katzen und natürlich auch Menschen von Pheromonen nicht annähernd so gesteuert werden, wie es bei Insekten geschieht. Trotzdem beeinflussen manche Düfte unsere Gefühle und unser Hormonsystem. Lavendel und andere Kräuter können zum Beispiel einen messbar beruhigenden Effekt auf Menschen und Tiere haben. Hunde entdecken die Welt über ihre Nase und haben ein sehr gutes Geruchsgedächtnis.

Machen Sie Ihrem Hund eine Freude, indem Sie ihm viele natürliche und idealerweise pflanzliche Gerüche zeigen. So können Sie Blütenblätter in den Händen zerreiben und ausprobieren, welche er mag und welche nicht. Vielleicht mag er ja die gleichen wie Sie!

Der gute Geruchssinn von Hunden kann auch dazu genutzt und trainiert werden, lebensbedrohliche Erkrankungen zu erschnüffeln.

Für Hunde ist der Geruchssinn genauso wichtig, wie er auch für unsere frühen menschlichen Vorfahren gewesen sein muss. Heute waschen wir die natürlichen Geruchsstoffe von unserer Haut, die sonst viel über unsere Identität, Gefühle, den Sexualstatus und vor allem

lichen Ungleichgewichten warnt und einen, der allergische Reaktionen seines Besitzers vorhersagen kann. Ärzte und Wissenschaftler beginnen gerade erst damit, Hunde in der Humanmedizin als Diagnosehilfe einzusetzen – ein hoch spannendes Forschungsgebiet!

Der Fluch der Supersinne

Bestimmt können Sie sich vorstellen, dass die extreme Empfindsamkeit der Hunde für Gerüche und Geräusche in unserer lauten und umweltverschmutzten Welt oft zur großen Belastung für sie wird. Ich vermute sogar, dass unangenehme Gerüche und Geräusche Auslöser für viele Verhaltensprobleme sein müssen. Hunde mit Knallphobien sind ein deutliches Beispiel. Stadthunde leiden aber auch oft an Stress durch subtilere, hochfrequente Geräusche aus Klimaanlagen, von Radiowellen, Zügen, LKWs und so weiter. Auch parfümierte Putzmittel können Hunde stören. Für sich allein betrachtet mögen diese Angriffe auf die feinen Hundesinne harmlos erscheinen, aber

'Es gibt viele belegte Berichte von Hunden, die über Tausende von Kilometern nach Hause gelaufen sind.'

unsere Gesundheit verraten würden. Für die feinere Nase des Hundes sind all diese Daten aber immer noch verfügbar.

Medizinische Wunder

Eigentlich sollte es nicht überraschen, dass Hunde mit ihrem feinen Geruchssinn auch Stoffe wahrnehmen können, die mit Krebs, Epilepsie oder Diabetes einhergehen. So gibt es inzwischen speziell ausgebildete Epilepsiewarnhunde, die ihre Besitzer vor bevorstehenden Anfällen warnen. In England gibt es inzwischen sogar einen Hund, der eine an Nebennierenrinden-Insuffizienz leidende Dame vor gefähr-

zusammengenommen und auf Dauer haben sie mit Sicherheit psychologische Konsequenzen auf die empfindlichen Wesen.

Der innere Kompass

Sicher haben Sie schon von erstaunlichen Wegstrecken gehört, die fern ihres Zuhauses verloren gegangene Tiere zurückgelegt haben. Es gibt viele belegte Berichte von Hunden und Katzen, die über Hunderte oder sogar Tausende von Kilometern mitten durch Städte, über Straßen und natürliche Hindernisse nach Hause gefunden haben. Ich selbst hatte einmal einen Kater namens Johnny, der zu dem Hof zurücklief, von

Hunde haben einen guten Orientierungssinn und finden über weite Strecken nach Hause. In Städten können sie sich wegen der vielen Ablenkungen aber doch verlaufen.

Hat Ihr Hund den 7. Sinn?

Weil manche Hunde so schlau sind und so erstaunliche Dinge tun, meinen viele Menschen, sie besäßen eine Art übernatürlichen siebten Sinn. Rupert Sheldrake hat interessante Versuche dazu gemacht, ob Hunde das Nachhausekommen ihrer Besitzer vorausahnen können oder nicht. Er fand heraus, dass Familienhunde öfter, als es durch Zufall erklärbar wäre, freudige Aufregung zeigen, wenn ihre Besitzer auf dem Heimweg sind.

Kritiker bemängeln methodische Schwächen an Sheldrakes Versuchen, die in manchen Fällen unbewusst die Ergebnisse beeinflusst oder den Hunden geholfen hätten. Was mich betrifft, habe ich Hinweise auf diese Fähigkeit bei meinen eigenen Hunden und denen meiner Kunden beobachten können. Ein Deutscher Schäferhund zum Beispiel schien genau zu wissen, wann sein Herrchen ein 6 km entferntes Büro mitten in London verließ. Reagierte er vielleicht auf das eher laute Motorengeräusch des Volvos auf dem Heimweg oder auf kleinste physiologische Verhaltensänderungen der Ehefrau?

Viele von uns haben schon erlebt, dass die Hunde im fahrenden Auto aufwachen, wenn wir kurz vor dem Ankommen zuhause oder sogar bei einem früher gemeinsam besuchten Freund sind. Diese Erfahrng beruht, so bin ich sicher, auf der 'inneren Landkarte', wie ich sie bei den Brieftauben beschrieben habe. Hunde registrieren die Gerüche, Geräusche und das Aussehen der heimatlichen Umgebung. Hinzu kommt natürlich, dass wir sie, wenn sie aufwachen und ihr aufgeregtes ,Wir sind angekommen!'-Gewinsel loslassen, mit Lob und Staunen über ihre Klugheit belohnen.

Besonders unglaublich finde ich, dass manche Hunde dieses Wiedererkennen auch dann zeigen, wenn sie vorher nur ein einziges Mal an dem betreffenden Ort waren. Noch bemerkenswerter ist, dass mein Hund PC stets erkennt, wenn wir gleich an einem Ziel ankommen, an dem er noch nie zuvor war. Das heißt nicht etwa, dass er einen siebten Sinn hätte, sondern dass er kleinste Veränderungen an mir bemerkt, die ihm sagen, dass wir gleich da sind. Die Herausforderung an die Wissenschaft besteht nun darin, diese Signale zu identifizieren - seien es Veränderungen in der Gehirnaktivität, Schwitzen oder andere unterschwellige Signale.

dem wir ein halbes Jahr zuvor weggezogen waren. Er war nicht nur 30 km entfernt, sondern es lag auch ein großer Fluss dazwischen. Als Johnny merkte, dass wir nicht mehr auf dem alten Hof wohnten, machte er sich auf den Rückweg und kam zwei Monate später erschöpft an der neuen Adresse an (wo er bis an sein Lebensende verwöhnt wurde). In diesen Fällen fragt man sich immer: Wie machen sie das?

Das Phänomen des Heimfindens wurde intensiv bei Tauben erforscht, weil sie vor den Zeiten von Internet und sogar Telegraf ein wichtiges Kommunikationsmittel waren. Offenbar nutzen sie dazu die gleichen Sinne, die Schwalben, Wildgänse und andere Zugvögel nutzen, um über Tausende von Kilometern von

nutzen,: Sie stimmen den Stand der Sonne mit ihrer eigenen inneren Uhr ab und beziehen das Magnetfeld der Erde mit ein. Vereinfacht gesagt haben Tauben, genau wie Hunde und Menschen, eine biologische Uhr und einen biologischen Magnet im Gehirn. Die Nomaden der Kalahari können sich anhand von Sonne und Sternen orientieren und reagieren ebenfalls auf Veränderungen des Magnetfelds; näher an ihrem Zuhause erkennen sie bekanntes Gelände mit Augen, Nase und Ohren. Hunde scheinen die gleichen Sinne zu nutzen, um nach Hause zu finden.

Der Grund, warum so viele Hunde sich verlaufen (und als Streuner aufgegriffen werden) ist, dass sie sich von der Suche nach Futter,

'Tauben, Hunde und Menschen haben eine innere Landkarte, die sie Umgebungsmerkmale erkennen lässt.'

Nord nach Süd zu fliegen. Auch manche Säugetierarten wie der Karibuhirsch unternehmen lange jahreszeitliche Wanderungen – warum sollten Hunde das also nicht auch können? Tauben, Hunde und Menschen scheinen eine Art innere Landkarte zu besitzen, sprich sie können visuelle Merkmale ihrer vetrauten Umgebung wiedererkennen. Auch aus Geräuschen und Gerüchen ziehen wir wichtige Informationen darüber, wo wir uns befinden. Bei Tauben scheint der Geruchssinn eine ganz besondere Rolle zu spielen – wird er in irgendeiner Form behindert, finden sie schlechter oder gar nicht nach Hause. Versuche haben gezeigt, dass sie erschwerende Faktoren wie Windrichtung und -geschwindigkeit ausgleichen können, wenn sie innerhalb von mehreren hundert oder tausend Quadratkilometern um ihren Heimatbereich navigieren.

Über große Entfernungen scheinen Tauben aber komplexere Sinnesinformationen zu

Unterschlupf und menschlicher Freundlichkeit ablenken lassen. Hunde sind sozial darauf programmiert, die Gesellschaft von Menschen zu suchen – wenn dem nicht so wäre, könnten sie sich höchstwahrscheinlich genauso gut über lange Strecken orientieren wie Tauben.

Ausblick in die Zukunft

Hunde haben uns Menschen auf einer unglaublichen Reise durch Evolution und Kultur begleitet, die auch heute im komplexen 21. Jahrhundert noch weitergeht. Ihre Gefühle sind so eng mit unseren verbunden, dass sie sich leicht in unser Leben einfügen. Sie können es sogar schaffen, uns zu kontrollieren, weil sie so charmant und hartnäckig, manchmal aber auch gewalttätig und einfach unmöglich sind. Später in diesem Buch werden wir noch sehen, wie wir die Mensch-Hund-Beziehung so verbessern können, dass nur die besten Seiten Ihres Hundes zum Vorschein kommen.

2 Ein Hund soll ins Haus

Was Sie wissen müssen

Ein Hund soll ins Haus

Passt ein Hund in Ihr Leben? Welche Rasse? Ein Welpe oder erwachsener Hund? Rassehund oder Mischling? Vom Zücher oder privat? Checkliste zur Entscheidungshilfe. Adoption von Tierheimhunden. Welpensozialisation. 'Gefährliche' Hunde und unsinnige Gesetzgebungen.

Die Entscheidung für einen Hund sollte genau wie Heirat, Kinderkriegen oder Hauskauf eine wichtige Lebensentscheidung sein. Ein Hund in Ihrem Leben wird einige vorhersehbare, aber auch einige unvorhersehbare Folgen haben. Sie werden weniger Zeit für andere Dinge haben und sie an anderer Stelle abknapsen müssen, sei es an Arbeit, Sport oder Surfen im Internet. Sie müssen Ihre Ansprüche an die Sauberkeit im Haus ändern, weil sich Hundehaare in den unmöglichsten Ecken sammeln und mit den Pfoten Schmutz hereingetragen wird.

Es wird aber auch erfreuliche Veränderungen geben: Ein Hund ist ein neuer Interessensmittelpunkt für die Kinder und ihre Freunde, er erweitert ihren Bekanntenkreis und macht Ihr Haus einfach interessanter. Sie tun mehr für Ihre Gesundheit, weil Sie Zeit in Feld und Wald verbringen – dort, wo Ihr Hund sein möchte. Es gibt überzeugende medizinische

'Sie tun mehr für Ihre Gesundheit, weil Sie viel Zeit mit Ihrem Hund draußen verbringen werden.'

Kindern und Hunden zuzuschauen, wie sie gemeinsam aufwachsen und draußen miteinander Zeit verbringen, ist für mich eins der schönsten Erlebnisse überhaupt.

Beweise dafür, dass die mit Hundehaltung verbundene Bewegung positive Auswirkungen auf Herz und Kreislauf hat. Regelmäßiges Spazierengehen in flottem Tempo wird Ihr Leben um Jahre verlängern. Außerdem ist es auch gut fürs Gemüt, den geschlossenen Räumen zu entfliehen und Verbindung zur Natur aufzunehmen. Ein weniger offensichtlicher Vorteil ist, dass Staub und Hautschuppen eines Hundes das Immunsystem von Kindern stärken und sie weniegr anfällig für Allergien machen können. Hunde halten uns gesund!

Der beste Hund der Welt

Ich werde oft gefragt, was denn die 'beste' Hunderasse ist und frage dann gern zurück, was

Passt ein Hund zu Ihnen?

Hier sind einige Für-und-Wider-Überlegungen zur Hundeanschaffung:

Für einen Hund spricht

- Er bietet Freundschaft und grenzenlose Bewunderung – das schmeichelt dem Ego
- Er sorgt für Spaß: Man kann mit ihm spielen, er hat witzige Einfälle oder Angewohnheiten
- Er kann für mehr soziale Kontakte sorgen
- Er bietet mehr Sicherheit und kann vor Einbrechern warnen
- Er kann als 'Übungsprojekt' dienen, wenn man später Kinder haben möchte
- Er kann Geschwisterersatz für ein Einzelkind sein
- Er kann Arbeitsaufgaben erledigen

Gegen einen Hund spricht

- Beschränkt die Freiheit und 'bindet einen an'
- Kann hohe Kosten für Tierarzt, Futter und Pflege verursachen
- Kann Sachen zerstören und das Haus ist nie mehr so sauber wie zuvor. Hundehaare!
- Kann ein Hygieneproblem sein
- Verlangt geregelten Alltag und tägliche Pflege, langhaarige Hunde müssen gebürstet werden
- Kann einen in rechtliche Konflikte bringen, wenn er jemanden beißt oder einen Unfall verursacht
- Er stirbt früh und die Trauer schmerzt sehr

denn das beste Auto oder der beste Computer ist. Die Antwort wird immer 'Es kommt darauf an' lauten! Ihre Rassevorlieben werden von Ihren persönlichen Erfahrungen geprägt sein. Ich zum Beispiel bin auf einer Farm mit Border Collies aufgewachsen, habe mit drei wundervollen Irish Settern gelebt und kümmere mich nun seit zwei Jahrzehnten um Vermittlung und Umerziehung von Bull-Rassen. Ich bewundere Salukis und Lurcher, wobei letztere eine Kreuzung aus Windhund, Terrier und Collie sind. Zu meinen weiteren Favoriten zählen Jack Russells, Border Terrier und Labradore. Man lernt schnell, sie alle zu lieben!

Das Schöne an Rassehunden ist, dass für jeden Geschmack etwas dabei ist. Die Wahl einer Hunderasse ist immer auch ein Statement dazu, wer man ist, wer man gerne wäre und wie man gerne von anderen gesehen werden möchte. Daran ist nichts Falsches, aber es ist immer gut, eine außenstehende und mit Hunden erfahrene

Person zu fragen, welche Nachteile die eine oder andere Rasse vielleicht haben könnte. Einen Experten, den Sie dazu immer befragen können, ist ein Tierarzt. Sie oder er (wählen Sie in dem Fall gerne jemand Älteres mit Erfahrung!) kann Sie in die richtige Richtung lenken und Sie vor einem möglichen Desaster mit einer Rasse bewahren, die vielleicht gar nicht zu Ihnen passt.

Welpen sind ein Wirtschaftsfaktor

Die meisten Hundebesitzer in spe möchten gerne einen Welpen. Ihn durch seine rasant schnelle Entwicklung zu begleiten ist eine der faszinierendsten Erfahrungen, die Sie machen können. Kapitel 4 wird noch auf die optimalen Strategien im Umgang mit Welpen eingehen, hier soll es um die Fehler gehen, die man beim Kauf vermeiden kann. Ein Hund hat eine durchschnittliche Lebenserwartung von etwa 10 Jahren, was bedeutet, dass jedes Jahr ein Zehntel der gesamten Hundepopulation

Rassehunde werden nach ihren ursprünglichen Aufgaben klassifiziert: Der Lurcher und der Saluki (oben) sind Windhunde, die ihre Beute aus großer Entfernung sichten können; der Chihuahua und der Mops (Mitte) sind reine Schoßhunde; der

Irish Setter (unten links) ist ein Vorstehhund und wird manchmal immer noch zur Jagd benutzt und der Border Collie (unten rechts) gehört zu den Hütehunden, die für die Arbeit an Schafen gezüchtet wurden.

Welche Rasse?

Wir leben in einer medienorientierten Welt, in der Hollywood-Colliehündin Lassie ihre unwahrscheinliche Intelligenz zeigt, Deutsche Schäferhunde Verbrecher stellen, Border Collies Schafe zusammentreiben und Spaniels Drogen in Koffern finden. Filmhunde schaffen unausweichlich Moderassen, aber die Medien sorgen auch für Vorurteile gegen andere wie Rottweiler oder Pit Bulls. Man kann zwischen Hunderten weltweit in Zuchtverbänden registrierten Rassen wählen und nochmals vielen hundert mehr, die nicht offiziell registriert sind.

Die Rassestandards der Zuchtverbände beinhalten auch eine kurze Charakterbeschreibung der Rasse, sind aber meistens beschönigend und man sollte ihnen nicht immer glauben. Eine unabhängige, kompetente Quelle zu den typischen Wesenseigenschaften einer Rasse gibt es nicht. Auch sind die Einschätzungen in den verschiedenen Ländern oft unterschiedlich; so können die Beschreibungen in Deutschland andere sein als vielleicht in den USA, Japan oder Australien.

Die heutige Mobilität hat den Genpool von Hunden genauso verändert wie den von Menschen. Früher waren britische Hunde zum Beispiel von anderen mehr oder weniger isoliert. Heute herrscht reger Reiseverkehr und auch das Sperma von Zuchtrüden wird weltweit verschickt. All das verringert die Inzucht in Populationen, die früher von Landesgrenzen beschränkt waren. Wie so vieles andere ist auch die Hundezucht heute global geworden.

Welpenkauf im Internet kann unseriöse Geschäftemacher fördern

Welpen via Internet oder Zeitungsannoncen anzubieten ist eine einfache Möglichkeit, ihre wahre Herkunft zu verschleiern. Der Verkäufer schlägt vielleicht 'bequeme Treffpunkte' wie eine Autobahnraststätte vor, an denen Sie höchstwahrscheinlich keine überlegte Kaufentscheidung treffen werden – erstens, weil Sie gar nicht viel Zeit mit dem Welpen verbringen können und zweitens, weil Sie ihn nicht in seiner heimischen Umgebung sehen. Vielleicht führt man Ihnen auch einen einzelnen Welpen in einem Haushalt vor, in dem es keine weiteren erwachsenen Hunde der gleichen Rasse gibt. Es gibt viele solcher 'Kleinhändler', die sich hinter einer braven Einfamilienhausfassade verstecken und deren Welpen aus Massenzuchtbetrieben stammen.

In Deutschland werden heutzutage glücklicherweise nur selten Welpen in Zoofachgeschäften verkauft, während es beispielsweise in Neuseeland, Japan, den USA oder Spanien ganz normal ist, dass Welpen so über den Ladentisch gehen. Zoofachgeschäfte sind aber nicht der beste Ort für einen Welpenkauf, denn sie bieten den Welpen nicht die Reize und Früherfahrungen, die sie brauchen (s. Kap. 4). Halten Sie sich lieber an einen guten Züchter direkt.

Fallbeispiel: Jemma, der Golden Retriever

Ihre neuen Besitzer fanden Jemma 2005 im Internet unter der Beschreibung 'toller Welpe aus Familienhunde-Zucht' und mit einer Handynummer als Kontakt. Sie wurde an einem Autobahnparkplatz übergeben, womit die Probleme – und Kosten – erst begannen.

Jemma litt unter einer chronischen bakteriellen Infektion, die sofort tierärztlich behandelt werden musste. Es gab auch Anzeichen für Demodexmilben-Befall und starke Verwurmung. Diese Behandlungen kosteten die Besitzer noch einmal so viel wie der ursprüngliche Kaufpreis, aber das Schlimmste kam erst noch. Mit sechs Monaten zeigte Jemma unsicheren Gang und die tierärztliche Untersuchung brachte ans Licht, dass ihre Hüften eine Katastrophe waren. Es wurden Hydrotherapie und streng angeleinte Bewegung angeordnet, bis sie für eine Operation bereit war. Im Alter von einem Jahr wurde sie an der Hüfte operiert, wieder zu erheblichen Kosten.

Zu allem Überfluss war auch Jemmas Verhalten in der Familie nie ganz richtig. Von klein auf war sie beim Füttern und vor allem ein bis zwei Stunden danach immer komisch. Sie wurde zur Verhaltensberatung und Einschätzung des aufkeimenden Aggressionsverhaltens an mich überwiesen. Schnell wurde klar, dass sie überempfindlich auf einige Bestandteile von Fertigfutter reagierte, woraufhin ich zu einer selbst zubereiteten Ausschlussdiät aus Reis und Lammfleisch riet (s. Kap. 7). Jemmas Zustand verbesserte sich erheblich und wir entwarfen einen Langzeit-Ernährungsplan für sie. Leider plünderte sie ein Jahr später den Mülleimer und fraß zu viele Sachen, die ihr nicht bekamen. Sie veränderte sich sofort und griff das Au Pair-Mädchen an, als dieses sie aus der Küche wegbringen wollte. Das arme Mädchen, das zu diesem Zeitpunkt alleine im Haus war, wurde schlimm gebissen und überlebte nur mit Glück. Die Besitzer fragten mich um Rat - und der lautete, Jemma sofort einschläfern zu lassen. Es kam nicht in Frage, andere Menschen durch solch einen Hund in Gefahr zu bringen. Hinterher ist man immer schlauer, aber es war einfach unklug, einen Welpen bei einem Händler zu kaufen, von dem man weder Adresse noch Telefonnummer kannte. Die Kosten des Jemma-Experiments waren immens, aber viel schlimmer waren die Verletzungen des Au Pairs und das emotionale Trauma, das die ganze Familie erlitt.

Welpen in der Interaktion mit anderen Hunden zu beobachten hilft, ihr Temperament einzuschätzen.

ersetzt werden muss. Für die USA bedeutet das 7 Millionen Welpen, für Deutschland vielleicht 500.000 oder für Japan vielleicht eine Million. Beeindruckende Zahlen! All diese Welpen können gar nicht von 'verantwortungsvollen' Züchtern stammen, die zu Hundeausstellungen gehen, etwas von Hunden verstehen und sich um die Verbesserung ihrer Rasse bemühen. Solche Züchter sind meiner Erfahrung nach meistens gute Menschen, die ihre Hunde lieben, nicht aus Geldgründen züchten und die Welpen nur an

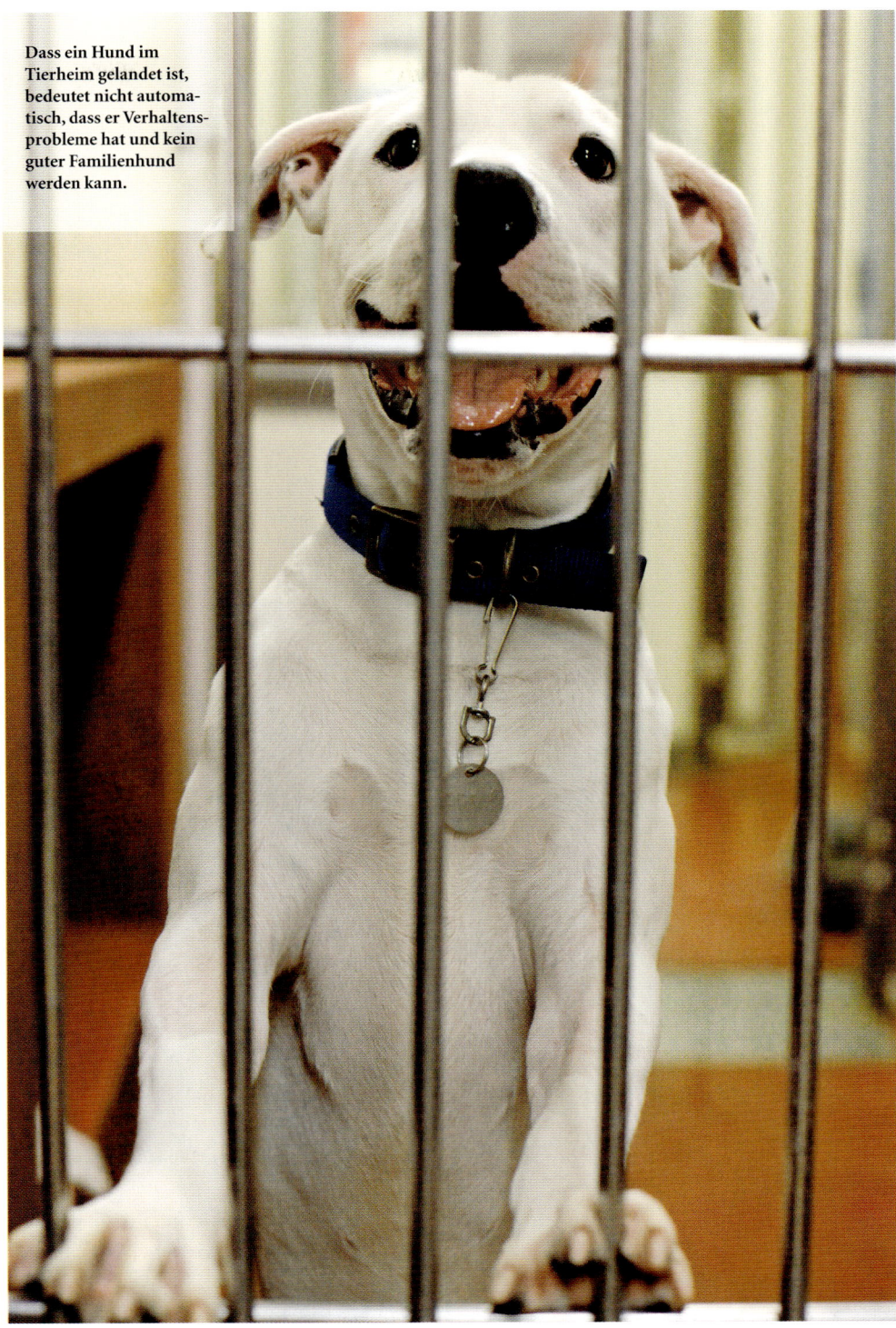

Dass ein Hund im Tierheim gelandet ist, bedeutet nicht automatisch, dass er Verhaltensprobleme hat und kein guter Familienhund werden kann.

Besitzer verkaufen, die ihnen ein gutes Zuhause bieten. Die Zuchtverbände führen Adresslisten von Züchtern und können Ihnen dabei helfen, einen gesunden Welpen oder zur Vermittlung stehenden erwachsenen Hund zu finden. Viel häufiger sind aber leider die Züchter, denen es sehr wohl ums Geld geht und für die Bares wichtiger ist als das Wohlergehen der Tiere. Diese 'kommerziellen' Züchter und Zuchtbetriebe gibt es in jedem Land und sie setzen Millionen um. So habe ich einmal eine englische 'Welpenfarm' besucht, in der jedes Jahr mit in dürftigen Zwingern lebenden Hunden 5.000 Welpen gezüchtet wurden. Die Zuchthunde kamen niemals nach draußen und erlebten nie die für

Welpen und Kinder sind wie füreinander gemacht – aber die Aufsicht Erwachsener sollte immer sein.

'Umweltreize und viele Erfahrungen im Welpenalter sind Voraussetzungen für einen später wesensfesten Hund.'

sie so wichtige Freiheit. Die Welpen wurden im Schnitt für 180 Euro an Händler weiterverkauft. Bis sie über Zwischenhändler, Internet etc. an ihre endgültigen Besitzer gelangten, kosteten sie rund 600 Euro. Und egal, ob Sie in Euro, Pfund oder Dollar rechnen – mal 5000 macht das eine ganze Menge Geld.

Grundregeln für den Welpenkauf

Treten Sie vor allem dann mit dem Züchter in Kontakt, solange die Welpen noch jung sind und schauen diese so früh wie möglich an. Beobachten Sie sie zusammen mit der Mutter und versuchen Sie auch den Vater zu sehen oder etwas über ihn zu erfahren. Vielleicht können Sie auch Kontakt zu Leuten aufnehmen, die Welpen von den gleichen Eltern aus früheren Würfen gekauft haben – sie werden Ihnen die besten Hinweise darauf geben können, wie der Welpe sich entwickeln wird. Hören Sie sich an, wie der Züchter die Charaktere der einzelnen Welpen einschätzt. Es gibt kein Patentrezept,

nach dem man einen Welpen aussuchen könnte, der dann zum erwachsenen Traumhund wird. Auch wenn viele das Gegenteil behaupten – ich finde, dass die sogenannten Welpentests nur schwache Hinweise auf die erwachsene Persönlichkeit geben können. Wenn ein Welpe sich nicht anfassen lässt und vor Fremden zurückscheut, besteht natürlich schon ein Risiko dafür, dass er sich zu einem zurückgezogenen, ängstlichen oder überempfindlichen Erwachsenen entwickeln kann. Ich sage 'kann', weil Welpen auch wunderbare Fähigkeiten zur psychologischen Entwicklung und Anpassung besitzen. Das Verhalten von Welpen liefert aber nur teilweise Einblicke dahingehend, wie sie sich als Erwachsene verhalten und wie sie reagieren werden. Als Besitzer kann man allerdings viel dafür tun, dass ein Welpe sich in positive Richtung entwickelt. Bei einem erwachsenen Hund werden Sie, was die Peresönlichkeit angeht, höchstwahrscheinlich das bekommen, was Sie auch sehen. Einen erwachsenen Hund

Sind Hobbyzüchter schlecht?

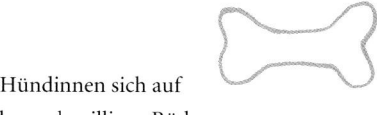

Was sind also nun die anderen Optionen, nachdem wir über die möglichen Fallstricke beim Kauf eines Rassewelpen gesprochen haben?

Früher kaufte man Welpen oft von Nachbarn oder Verwandten, deren Hündin absichtlich oder unabsichtlich vom lokalen Romeo gedeckt worden war. Beide Elterntiere hatten in der Regel familienkompatible Charaktermerkmale, die sie an ihre Nachkommen weitergaben. Man 'züchtete' also mit Hunden, die sich eher wegen ihrer Charaktereigenschaften als wegen ihres Aussehens bewährt hatten.

Diese traditionelle Quelle für Welpen gibt es aufgrund weit verbreiteter Kastrationspraxis in den Industrieländern heute kaum noch. Erklärtes und vernünftiges Ziel des Kastrierens ist es, die Zahl unerwünschter Welpen zu verringern, die in Tierheimen landen oder getötet werden. Die von diesen 'Hobbyzüchtern' hinterlassene kommerzielle Lücke wurde aber von Händlern und Massenzuchtbetrieben gefüllt – eine unbeabsichtigte Folge der gutgemeinten Bemühungen, die Frage der hündischen Überbevölkerung zu lösen! Aber auch heute noch passieren 'Unfälle', wenn

läufige Hündinnen sich auf die Suche nach willigen Rüden machen. dann gibt es auch noch die gewollte Mischlingszucht: Die beliebteste Kreuzung der letzten Jahre war Labrador x Pudel (zur Schaffung von Labradoodles), aber auch Spaniel x Pudel (Cockapoos), Mops x Chihuahuas (Chugs) usw. Genetisch gesehen können diese F1-Hybriden sich zu sehr schönen Erwachsenen entwickeln. Man sollte aber nicht davon ausgehen, dass solche Kreuzungsprodukte oder Mischlinge immer völlig frei von den vielen Erbkrankheiten wären, von denen Hunde betroffen sein können.

Die optimale Umgebung für die Aufzucht von Welpen ist ein Haus, in dem es Kinder, Katzen, andere Hunde und viel Aktivität gibt. Umweltreize und viele verschiedene Erfahrungen im Welpenalter sind Voraussetzungen für einen später wesensfesten Hund. Wenn Sie auf diesem Weg einen Welpen kaufen, bevorzugen Sie ein Haus, in dem Sie den ganzen Wurf sehen und sicher sein können, dass die Leute keine Undercover-Agenten für einen kommerziellen Massenzuchtbetrieb sind.

---

zu übernehmen ist daher die risikoärmere und vorhersehbarere Strategie. Und es gibt eine sehr gute Alternative zu einem Welpen: Einen Hund aus dem Tierheim.

Hunde aus zweiter Hand

Überall auf der Welt enden zu viele unerwünschte Hunde in Tierheimen, wenn auch in manchen Ländern mehr als in anderen. Wegen kultureller Vorbehalte gegen das Kastrieren gibt es enorme Überschüsse in Irland, Teilen Osteuropas und im ganzen Mittelmeerraum.

Auch die USA produzieren zu viele Welpen für die zur Verfügung stehenden Plätze. Sehr wenige 'Überschuss-Hunde' findet man in der Schweiz, Deutschland, Holland und Skandinavien – Ländern mit hohen Tierschutz-Standards. Neben den großen, landesweit agierenden Tierschutzorganisationen gibt es auch viele kleine, regional orientierte Zentren, die Unterstützung verdienen. Auch wenn Sie von dort keinen Hund übernehmen, können Sie zumindest mit einer kleinen Geld- oder Futterspende helfen oder sich als freiwilliger

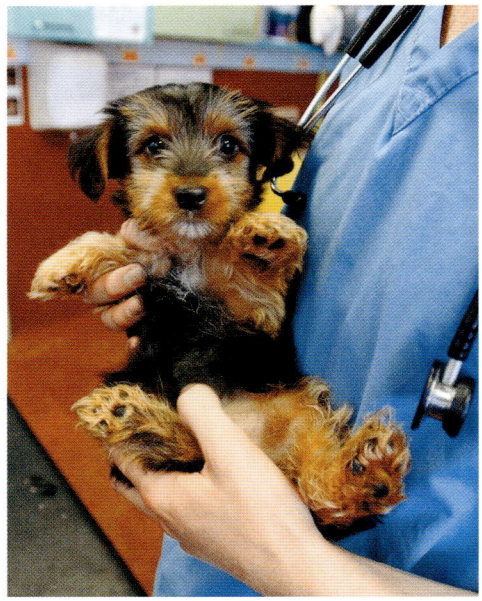

Gassi-Geher engangieren. Machen Sie Mund-propaganda und tragen Sie Ihren Teil dazu bei, diese Tierheime zu leeren und den Hunden ein besseres Leben in einem liebevollen Zuhause zu ermöglichen.

Ich bin viel in Tierheimen aller möglichen Länder unterwegs und immer wieder erschüttert über die Menge der traurig aus den Zwingern schauenden Hunde, die pausenlos kläffen, um einen Moment meiner Aufmerksamkeit und damit die Chance auf ein neues Zuhause zu ergattern. Dann muss ich mir immer einreden, dass wir schon vier Tierheim-Hunde haben und das reichen muss. Trotzdem nehmen mich die tragischen Schicksale immer mit. In Spanien werden zu viele Galgos von Möchtegern-Jägern entsorgt. In England gibt es Unmengen von Bull-Rassen, besonders Staffordshire Bull Terriern, die vermutlich nie ein Zuhause finden: Jedes Jahr werden unzählige Staffies in britischen Tierheimen getötet. Von der Rennbahn ausrangierte Greyhounds sind ebenfalls in Tierheimen überrepräsentiert. Solche Situationen sollten uns mehr als einmal darüber

Lassen Sie sich vom Tierheim-Personal oder betreuenden Tierarzt, falls es einen gibt, so viel wie möglich über die Vorgeschichte und Herkunft des Hundes erzählen.

nachdenken lassen, bevor wir mit einem unserer Hunde züchten.

Was Sie überprüfen sollten

Leider können Hunde uns keinen ehrlichen Bericht über ihr Vorleben geben, aber das Personal im Tierheim hat oft Einblicke oder hat

Ein Tierheimhund muss kein 'Problemhund' sein

Oft heißt es, dass ein im Tierheim gelandeter Hund emotionalen Ballast mit sich herumschleppe und anfällig für Verhaltensprobleme oder Krankheiten sei. Das entspricht nicht meiner Erfahrung – die meisten Tierheimhunde, die ich kenne, haben nicht mehr und nicht weniger Verhaltensprobleme als die, die als Welpen zu ihren Besitzern kamen. Ein Hund kommt nicht unbedingt deshalb ins Tierheim, weil er ausgesetzt oder von einem gefühllosen Vorbesitzer verstoßen wurde. Der Besitzer kann verstorben, krank oder arbeitslos geworden sein oder eine

dramatische Veränderung der Lebenssituation erfahren haben. Fast jede Rasse hat ihre eigene Vermittlungsorganisation – eine Anfrage beim Zuchtverband hilft Ihnen, einen zur Vermittlung stehenden Hund in Ihrer Nähe zu finden. Aber auch die länderübergreifende Vermittlung von Tierheimhunden wird immer häufiger, seit einige Organisationen herausgefunden haben, dass es eine Nachfrage nach geimpften, kastrierten und überprüften Hunden gibt, für die sie eine Prämie verlangen können. So kam auch unser Labrador Bounce über eine Tierschutzorganisation aus Westirland zu uns.

Fallbeispiel: **Dexter, der Götterhund aus Kreta**

Ich bin ein leidenschaftlicher Unterstützer der Arbeit des griechischen Tierschutzverbands GAWF. Einmal schickte die GAWF mich zur Inspektion eines chaotisch geführten Tierheims nach Kreta, in dem 80–100 Hunde zusammen gehalten wurden. Es hatte viele Beißereien gegeben, einige Todesfälle und schlimme Haltungsumstände, aus denen so gut wie kein Hund vermittelt worden war. Unter den Todesopfern waren vor allem junge oder alte und kranke Hunde, die von den stärkeren in der Gruppe getötet worden waren. Dexter war einer der dominanteren, der sich Führungsqualitäten angeeignet hatte. Das machte ihn immun gegenüber den ständigen Konflikten und ermöglichte es ihm, über dem zu stehen, was die anderen Hunde in diesem Höllenloch durchmachten. Dexter war ein klarer Favorit des Personals geworden, das sein Bestes tat, sich um die Hunde zu kümmern. Ich wählte ihn aus, um mit mir zusammen in einer Fernsehshow aufzutreten, in der ich sicheren Umgang mit Hunden und Hundeerziehung erklären sollte. Er benahm sich bestens und wurde zum lokalen TV-Star. Als mein Projekt auf Kreta zu Ende war, konnte ich ihn einfach nicht zurücklassen – also organisierten wir, dass er zusammen mit anderen Hunden, die alle neue Besitzer in Frankreich, der Schweiz, Holland und England fanden, ausgeflogen wurde. Nach sechs Monaten in britischer Quarantäne nahm Dexter das Leben auf meiner Farm auf, als sei das schon immer seine Bestimmung gewesen. Es kam kein einziges Mal vor, dass er Schafe jagte, ins Haus machte oder Essen stahl. Die dominante Seite seiner Persönlichkeit zeigte sich aber darin, wie er mit den anderen Hunden und meiner Familie umging. Er ließ es sich nicht gefallen, von einem anderen Hund belästigt zu werden, wobei ihm ein scharfer Blick reichte, um andere in die Schranken zu weisen. Er ließ sich auch nicht gerne festhalten, um sich bürsten oder auch nur eine verletzte Pfote anschauen zu lassen. Er hatte gelernt, zu beißen, und er meinte es ernst. Also setzte ich ihm Grenzen: Er musste im Sitzen warten, während ich meine anderen Hunde fütterte und gewöhnte sich daran, angeleint zu sein, sich die Zähne untersuchen zu lassen und auf seinem anstatt meinem Bett zu liegen. Innerhalb von Wochen verwandelte er sich in einen Hund, den ich meinen kleinen Söhnen anvertrauen konnte, der nicht mehr jedem neuen Hund sagen musste, wo es langging und der wusste, dass genug Futter und Platz für alle da war, solange er sich an die Regeln hielt. Er lebte 11 glückliche Jahre lang bei uns und war ein wunderbares Beispiel für die Anpassungsfähigkeit von Hunden.

vom Vorbesitzer Informationen bekommen. Bevor Sie sich für einen Hund entscheiden, schauen Sie auf einem Spaziergang oder umzäunten Gelände, wie er sich anderen Hunden gegenüber verhält. Geben Sie ihm die üblichen Kommandos für 'Sitz', 'Bleib' oder 'Gib Pfote'. Reagiert er oder ignoriert er sie? Im Idealfall bringen Sie einen Hundetrainer mit, der die Reaktionen des Hundes auf Futter, einen Knochen, Hochgehobenwerden, oder sich ins Maul schauen lassen beurteilt. Vorsicht: Die Beurteilung seiner Reaktionen auf andere Hunde, Katzen oder sonstige Tiere sollte am besten von einem guten Trainer und mit daran gewöhnten Tieren gemacht werden, damit niemand in Gefahr gebracht wird.

In professionell geführten Tierheimen wird das Verhalten der Hunde von erfahrenen Trainern beurteilt. Trotzdem ist es immer schwierig vorherzusagen, wie sie im neuen Zuhause reagieren werden.

Soziale Kompetenzen müssen gelernt werden

Genau wie Kinder im Spiel mit anderen Kindern und mit Erwachsenen fürs Leben lernen, so tun es auch Welpen. Man nennt diesen Prozess 'Sozialisation'. Als Hunde noch frei umherliefen und dabei andere Hunde und Menschen trafen, geschah dies noch ganz natürlich von selbst. Seit Autos auf den Straßen fahren und Hunde an der Leine gehen müssen, haben sie diese Gelegenheit zum Lernen fürs Leben nicht mehr und wir müssen uns ersatzweise neue Möglichkeiten ausdenken, wie Welpen soziale Kompetenzen lernen können.

In weniger industrialisierten Ländern und ländlichen Gegenden können Hunde immer noch relativ frei umherlaufen und andere Hunde und Menschen in ihrem Dorf treffen. Ich habe das in Bali erlebt, wo Hunde wunderbar entwickelte soziale Fähigkeiten haben und nur selten aggressiv gegen Menschen, Hühner oder die vielen freilaufenden Tiere sind.

Der Weg zu einem freundlichen Hund besteht darin, ins Welpentraining zu investieren und ihn so früh wie möglich soziale Kompetenzen lernen zu lassen. Sobald Ihr Tierarzt vom Impfschutz her grünes Licht gibt, gehen Sie mit ihm in Parks, fahren Sie mit ihm Bahn, machen ihn mit allen möglichen verschiedenen Menschen und natürlich vielen Hunden bekannt. Auch viele Hundeschulen bieten heute Sozialisationskurse für Welpen an. In guten Welpenkursen wird nicht nur gespielt, sondern die Trainer zeigen Ihnen auch, wie Sie Ihren Welpen erziehen und bei Bedarf einschränken oder beruhigen können. Welpentraining darf sich aber nicht nur auf die Hundeschule beschränken, sondern muss in den Alltag eingebunden werden. Und es kann gar nicht früh genug beginnen, denn das Lernen sozialer Kompetenzen ist unendlich viel wichtiger als jedes Training von Gehorsam oder Tricks, das Sie ihm später angedeihen lassen.

Andere Hunde kennenzulernen ist ein Schlüsselelement in der Sozialisaton Ihres Welpen. Lassen Sie ihn so viele wie nur möglich treffen.

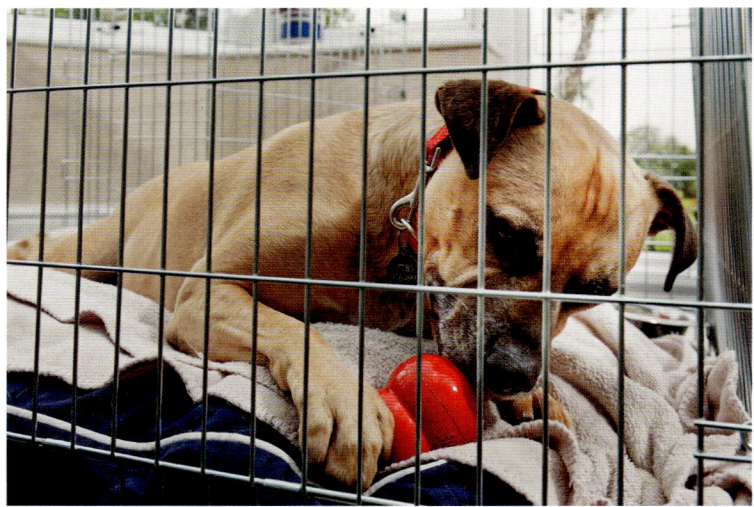

Auf das Eingesperrtsein in einer Box sollte der Hund gelassen reagieren: Solange er eine Decke und ein Spielzeug hat, geht es ihm gut und er kann sich selbst beschäftigen. Die Box sollte für ihn immer ein gemütlicher Zufluchtsort sein und kein 'Strafraum'.

Wie Sie sicher sein können, dass der Hund auch kinderlieb ist? Das lässt sich nur anhand seiner Vorgeschichte herausfinden und mit einer vorsichtigen Begegnung mit Kindern, bei der er einen Maulkorb trägt. In der Tierheimumgebung ist es auch schwierig zu beurteilen, ob ein Hund stubenrein ist oder wie er reagiert, wenn er allein gelassen wird. Manche Tierheime haben dafür einen extra eingerichteten Raum, in dem sie den Hund alleinlassen und sein Verhalten über eine Kamera beobachten. Aber auch das kann nur vage Hinweise geben, denn das Verhalten kann später ein ganz anderes sein, wenn er sich schon ein paar Tage oder Wochen lang an sein neues Zuhause und seine Besitzer gewöhnt hat.

Nützlichere Hinweise auf sein Wesen bekommen Sie durch Beobachtung seiner Reaktion auf Eingesperrtsein in einer Box oder Angebundensein. Es gibt immer wieder mal Gelegenheiten, zu denen man einen Hund anbinden muss: Die meisten tolerieren es, andere geraten in Panik und beißen die Leine durch, um sich zu befreien. Probieren Sie aus, was Ihr Kandidat tut.

Wenn Ihr Adoptionskandidat aus einer Pflegefamilie anstatt aus einem Tierheim kommt, bekommen Sie natürlich mehr Informationen über ihn. Viele Vermittlungsorganisationen arbeiten mit Pflegestellen, die die Hunde über einen längeren Zeitraum kennenlernen und möchten, dass sie in die passenden Hände vermittelt werden. Diese Hände könnten Ihre sein!

Und was, wenn Ihr Kandidat durchfällt? Wie Dexters Fall zeigt und ich später im Buch noch zeigen werde, gibt es viele Möglichkeiten, Erziehungs- und Verhaltensprobleme zu lösen – und dabei handelt es sich um keine Geheimwissenschaft. Auf der anderen Seite: Wenn Sie im Zweifelsfall um die Sicherheit Ihrer Kinder oder anderer Haustiere fürchten, sagen Sie lieber nein und schauen sich woanders um.

Einer, zwei oder mehr?

Ein einzelner Hund kann psychologisch mehr von Ihnen fordern als zwei. Hunde sind soziale Wesen, die man nicht beiseite schieben kann, wenn man arbeiten, abends ausgehen oder ein unabhängiges Leben führen möchte. Ihre Situation ändert sich zum Besseren, wenn sie die Gesellschaft und Freundschaft eines Zweit- oder Dritthundes finden. Aber übertreiben Sie es nicht mit der Zahl der Hunde: Zu viele verderben Ihre Lebensqualität, nehmen Ihnen die normalen Freiheiten und machen Sie arm. Ein einzelner Hund wird auf der anderen Seite vermutlich eine engere Bindung zu Ihnen aufbauen, und auch das Training ist mit einem Hund alleine viel einfacher. Kaufen Sie nie zwei Wurfgeschwister, denn sie werden sich immer gegenseitig toller finden als die Beschäftigung mit Ihnen.

Rassismus

Menschen fressen oft einen Narren an einer bestimmten Rasse und glauben, wenn ein Setter oder Schnauzer gut wäre, müssten zwei es erst recht sein. Das stimmt leider nicht: Die Erfahrung zeigt, dass sich unähnliche Hunde besser miteinander auskommen als zwei der gleichen Rasse. Groß und klein, jung und alt oder Rüde und Hündin scheinen am besten zu funktionieren.

Nun könnte man meinen, dass bei so einem ungleichen Gespann immer der größere oder stärkere Hund 'gewinnen' würde. Auch das stimmt nicht, denn soziale Dominanz wird bei Hunden nicht allein durch Größe oder Stärke bestimmt. Beim Spielen ist es oft der größere Hund, der sich zurücknimmt, damit sein kleinerer Spielkamerad auch manchmal Zerr- oder Fangspiele gewinnen kann. Wenn wir Hunde verschiedener Größe, Geschlechter, Alter und Persönlichkeiten besitzen, verschafft uns das außerdem viel mehr interessante Einblicke in das Verhalten von Hunden als wenn wir nur Tiere einer Rasse hätten.

Rivalitäten unter Geschwistern oder innerhalb eines Rudels sind für Hundebesitzer eine schreckliche Situation und Kämpfe zwischen Hunden in einem Haushalt enden oft blutig. Je ähnlicher sich die Hunde, desto höher die Konfliktwahrscheinlichkeit – und am höchsten ist sie bei Geschwistern gleichen Geschlechts!

Hunde, Steuern und das Gesetz

In den Medien wird oft die Gefährlichkeit von Hunden hervorgehoben: Vielleicht wurde ein Kind gebissen oder die Nachbarn haben

---

Checkliste Tierheimhund

Bevor Sie einen Tierheim- oder Vermittlungshund zu sich nehmen, sollten Sie sich selbst und ihm zuliebe folgende Fragen beantworten:

- Größe: Passt sie zu Ihnen und Ihrem Zuhause?
- Kraft: Ist er leinenführig oder zieht er?
- Wesen: Ist er von Natur aus freundlich oder hat er Angst vor Fremden?
- Wie reagiert er auf Kinder? Probieren Sie es vorsichtig aus, ggf. mit Maulkorb.
- Wie ist er mit anderen Hunden?
- Alter und Gesundheit: Können Sie sich die Tierarztkosten leisten?

- Wie reagiert er vermutlich auf Ihre anderen Haustiere? Wird Ihre Katze auswandern?
- Kennt er einfache Kommandos wie 'Hier' und 'Sitz'?
- Lässt er sich bürsten und überall anfassen?
- Lässt er sich einsperren und anbinden?
- Transport: Wie benimmt er sich im Auto?
- Futter: Neigt er zum Bewachen?
- Knochen/Spielzeug: Testen Sie seine Reaktionen mit Hilfe eines Trainers.
- Wie ist seine Vorgeschichte? Fragen Sie Tierheimpersonal oder Pflegestelle nach allem, was sie wissen.

Gegensätze ziehen sich an. Wenn Sie mehr als einen Hund haben möchten, dann am besten verschiedener Rasse, Größe und unterschiedlichen Geschlechts.

Angst, aus dem Haus zu gehen. Tatsächlich sind aber von Hunden verursachte Verletzungen oder Todesfälle im Vergleich zu anderen Ursachenquellen sehr selten. In England sterben pro Jahr höchstens zwei Menschen durch Hunde, während deutlich mehr von Pferden oder Rindern getötet werden. Es ist für jedermann einsichtig, dass Pferde starke Tiere sind, die treten, beißen oder bocken und damit lebensbedrohliche Verletzungen verursachen können. Trotzdem gibt es keine Gesetze zur besseren Kontrolle 'gefährlicher Pferde' oder gar gefährlicher Katzen, deren Bisse übrigens im Allgemeinen für Menschen schlimmer sind als Hundebisse. Maul und Zähne von Katzen sind stark bakterienbelastet, sodass Bisse fast immer zu Infektionen führen, während Hundebisse viel eher problemlos verheilen.

Hunde sind die einzige domestizierte Tierart, der man eine Kontroll-Gesetzgebung auferlegt hat. Die meisten Länder kassieren eine Hundesteuer. Meiner Meinung nach sollte das darüber eingenommene Geld in Räume für Hunde und ihre Besitzer reinvestiert werden – oder zumindest in Bildungsmaßnahmen zu Haltung und Erziehung von Hunden oder in verantwortungsvolle Tierschutzarbeit. Bildung und Aufklärung wäre der viel bessere Weg

als Gesetze, um Hunde in die Gesellschaft zu integrieren.

Rassespezifische Hundegesetze

Die Idee rassespezifischer Hundegesetze kam als erstes in den USA auf, wo man (fälschlicherweise) annahm, dass bestimmte Rassen wie zum Beispiel Pit Bulls eine größere Gefahr für Menschen darstellten als andere. Von dort verbreitete sich die Idee in andere Länder.

Der holländische Weg

In den 1990ern führten die Niederlande eine Gesetzgebung ein, die sich auf Kampfhunde konzentrierte, insbesondere auf den American Pit Bull Terrier. Den verwandten oder äußerlich sehr ähnlichen American Staffordshire Terrier oder den kleineren Staffordshire Bull Terrier, der im Land immer beliebt gewesen war, betraf sie jedoch nicht.

Die Regierung berief eine ganze Armee von 'Experten' ein, um das Gesetz auszuführen und zu entscheiden, welche Hunde Pit Bulls waren und welche nicht. Hunderte von Hunden wurden beschlagnahmt und in staatlich finanzierte Tierheime gesteckt. Wenn ein Besitzer dagegen protestierte, dass sein Hund eingeschläfert werden sollte, musste dieser für den Rest seines Lebens und auf Kosten des Steuerzahlers im Tierheim bleiben. Zum Glück wurde diese unvernünftige und unbeliebte Gesetzgebung von Akademikern in Frage gestellt, die sich mit der Häufigkeit von Hundebissen befassten und 2008 endlich abgeschafft. Gleich danach kontaktierte mich ein bekannter niederländischer Hundeverhaltenstherapeut, der darüber besorgt war, dass so viele Hunde, die 'im Tierheim verrückt geworden wären', nun wieder an ihre Besitzer zurückgegeben und ohne weitere Kontrollen frei in der Gesellschaft leben sollten. Zum Glück bewahrheiteten sich seine Befürchtungen nicht und es gibt im Moment weder Bedarf noch Bestrebungen, rassebezogene Hundegesetze zu erlassen. Das Interesse an gutem Hundetraining und verantwortungsvoller Hundehaltung ist in den Niederlanden dagegen hoch. Genau dieser Weg über Ausbildung und Überzeugung ist es, der den besten Erfolg verspricht.

ich ein Fan der Bull-Rassen bin und dass mein Staffie-Mix Humphrey ein geliebtes Mitglied unserer Familie ist. Dass der Charakter von Menschen nicht durch Rasse oder äußere Merkmale (auch nicht durch rote Haare!) bestimmt wird, ist ja inzwischen gesellschaftlich bei uns anerkannt, aber bei Hunden ist er das genauso wenig. Das britische Gesetz ist so bizarr und so grausam in seiner Durchführung, dass ich bei seiner Einführung damals überzeugt war, dass es in ein oder zwei Jahren wieder abgeschafft würde. Stattdessen verschwenden Politik und Polizei immer noch Ressourcen damit, die Nation von einem Hundetyp zu 'befreien', der einmal zum Kämpfen gezüchtet wurde. Dabei steigt die Zahl der Beißunfälle jährlich nach oben. Eigentlich hätten diese britischen Erfahrungen anderen Ländern eine Warnung sein müssen, von rassespezifischen Hundegesetzen abzusehen. Trotzdem gibt es sie in Dänemark, Deutschland (nach Bundesländern

'Dass der Charakter von Menschen nicht an Rasse oder Aussehen festzumachen ist, gilt als anerkannt.'

England, Deutschland und andere Länder
Der 'Dangerous Dogs Act' von 1991 verbietet in Großbritannien Besitz, Handel und Zucht von vier Rassen: Pit Bull Terrier, Tosa Inu, Dogo Argentino und Fila Brasileiro. Dieses Gesetz war ein totales Desaster, weil es den Besitz einer 'verbotenen' Rasse erst recht attraktiv gemacht hat. Pit Bulls wurden durch die Beschreibung als 'Statushunde' in den Medien erst recht begehrt. Verschiedene andere Rassen, insbesondere Staffordshire Bull Terrier und ihre Kreuzungen, wurden mit Pit Bulls verwechselt und das Gesetz verurteilte eine Menge Mischlinge nur anhand ihres Aussehens zum Tod, obwohl sie verantwortungsvollen Haltern gehörten und ein gutes Wesen hatten. Sie müssen wissen, dass

unterschiedlich), Österreich, der Schweiz, Frankreich, Australien, Irland und manchen amerikanischen Städten (z.B. Denver). Alle haben die gleichen Probleme: Sie funktionieren einfach nicht!

Gefährliche Hunde sind die, die beißen
Was tatsächlich gefährliche Hunde betrifft, so muss natürlich überall gegen sie vorgegangen werden. Meiner Meinung nach sollten Besitzer, deren Hunde jemanden gebissen und verletzt haben, dafür verantwortlich gemacht werden, genau wie Eltern für die Handlungen ihrer minderjährigen Kinder haften. Wenn sich die Frage stellt, ob die Sanktionen sich gegen den

Von oben links im Uhrzeigersinn: Ein Dobermann, ein Pit Bull, ein American Staffordshire und ein Rottweiler, alles Rassen, die allgemein als 'gefährlich' betrachtet werden. Ich halte es lieber mit dem gesunden Menschenverstand und bin der Meinung, dass Taten anstatt Rassezugehörigkeit bestraft werden sollten. Besitzer von Hunden, die gebissen haben, müssen natürlich dafür haften, aber die Annahme, dass jeder Staffordshire Terrier eine Bedrohung für andere Hunde und Menschen darstelle, ist schlicht lächerlich. Es muss immer der Einzelfall betrachtet werden.

Besitzer oder gegen den Hund richten sollte, bin ich auf jeden Fall für ersteres!

Würden sich die Gerichte vom gesunden Menschenverstand leiten lassen, müssten sie objektiv untersuchen, wie es zu diesem speziellen Vorfall kam und ob einer der beteiligten Menschen ihn hätte verhindern können. Wurde jemand gebissen, weil er in eine Rauferei zwischen Hunden eingegriffen hat? Falls ja, könnte man argumentieren, dass das Opfer hätte wissen müssen, dass man seine Hände nicht zwischen zwei kämpfende Hunde steckt. Oder wurde der Hund zum Beißen abgerichtet und als Waffe benutzt? Das ist eine kriminelle Handlung, die auch genauso bestraft werden sollte wie der Einsatz einer Waffe. Viele Beißunfälle passieren auch dann, wenn Besitzer ihre Hunde irgendwo im öffentlichen Raum anbinden, zum Beispiel vor einem Geschäft. Allein angebunden zurückgelassene Hunde fühlen sich verletzlich und im Stich gelassen und ihr Verhalten wird unvorhersehbar. All das sind Fälle, in denen sich die Gerichte auf die Meinung von unabhängigen und unparteiischen Fachgutachtern verlassen müssten, die etwas von Hundeverhalten verstehen.

Ich selbst habe viele solcher Gerichtsgutachten in ähnlichen Fällen wie den hier beschriebenen angefertigt. Dabei stellte ich fest, dass Richter im Allgemeinen auch gegenüber Hunden ein Gefühl für Gerechtigkeit und Fairness haben. Leider gab es aber auch einige schreckliche Ausnahmen. Im Mittelalter galt es als normal, Tiere vor Gericht zu bringen und manchmal zum Tod zu verurteilen. In unserem aufgeklärten 21. Jahrhundert finde ich es aber mehr als seltsam, dass wir immer noch gerichtlich über sie urteilen, anstatt Beißvorfälle als eine Frage des Hundetrainings und des Verhaltens von Seiten des Menschen zu betrachten. Die offensichtliche Alternative zum Töten des Hundes ist es, den Besitzer zu bestrafen und ihm aufzuerlegen, dass ein als gefährlich betrachteter Hund in der Öffentlichkeit einen Maulkorb tragen muss – vielleicht so lange, bis ein erfahrener Verhaltenstherapeut mit ihm gearbeitet hat. Das kann zusammen mit dem alten Besitzer geschehen, aber auch einem neuen, falls das Gericht den Hund beschlagnahmt hat. Wenn wir die jetzigen Gesetze aufgeben und stattdessen solche Maßnahmen ergreifen würden, könnten wir den Besitzern viel Leid, der Polizei viel Arbeit und dem Steuerzahler viel Geld ersparen. Unbestritten kommt es manchmal zu ernsten Unfällen mit Hunden – aber nur selten liegt die Schuld wirklich beim Hund!

Wenn ein Hund beißt oder zu beißen droht, muss dieses Verhalten umgehend angegangen werden – egal, um welche Rasse es sich zufällig handelt.

3 Die Mensch-Hund-Beziehung

Verhalten formen, die Bindung stärken

Die Mensch-Hund-Beziehung

Ihr Hund möchte Ihnen gefallen, aber auch sein eigenes Ding machen. Dominanz und Hierarchie. Grundprinzipien der Erziehung: Belohnung und Strafe. Freundliche Kommandos, aversive Reize und Leinenführigkeit. Vor- und Nachteile von Technik im Training.

Hunde haben sich über Jahrhunderte so entwickelt, dass sie sich in unser Familienleben einfügen. Am glücklichsten sind sie, wenn sie ein vollwertiges Mitglied ihres 'Rudels' sein dürfen.

'Was die Familie als soziale Grundeinheit für Menschen ist, ist das Rudel für Hunde.'

Hunde sind eine der erfolgreichsten domestizierten Arten der Welt. Sie haben uns viele tausend Jahre lang durch unsere Höhen und Tiefen, unser Kommen und Gehen begleitet und werden das auch weiterhin tun, weil die Evolution ihren stark formenden Einfluss auf dasjenige Individuum ausübt, das die größte Zahl lebensfähiger Nachkommen hervorbringt. Ihr Hund ist das Ergebnis einer Konkurrenz um die Fortpflanzung, die ihn mit Talenten ausgestattet hat, welche ihn für das Zusammenleben mit Menschen besonders geeignet machen.

Der bedeutsamste Faktor dabei ist, dass wir eine ähnliche soziale Organisation teilen: Was die Familie als soziale Grundeinheit für Menschen ist, ist das Rudel für Hunde. Als Besitzer fügen wir uns in das komplizierte Regelwerk ein, das die soziale Dynamik von Hunden bestimmt, während sie wiederum sich gekonnt in unser

Familienleben einfügen. Zum Glück sind die meisten Hunde stärker bestrebt, uns zu gefallen, als das umgekehrt der Fall ist. Sie haben einen gut ausgeprägten Sinn für Fairness, Gerechtigkeit und Ungerechtigkeit. Wenn Sie ein Verhalten Ihres Hundes, das Sie in der Vergangenheit gelobt haben, ignorieren und nicht mehr anerkennen, wird er enttäuscht sein und sich in gewissem Sinn ungerecht bestraft fühlen. Natürlich gibt es immer wieder mal unvermeidliche Fehler und Versehen: Sie treten ihm auf die Pfote oder klemmen seinen Schwanz in der Tür ein. Was dann? Zeigen Sie ihm natürlich viel Mitleid, entschuldigen Sie sich ehrlich und versichern Sie dem verwirrten Hund, dass Sie immer noch der nette und gerechte Mensch sind, den er so mag.

Rolle als Besitzer ist es, ihn in Situationen zu lenken, in denen die Belohnungen für erwünschtes Verhalten gegenüber den Strafen für unerwünschtes Verhalten überwiegen. Genau darum dreht sich alles - Belohnungen und Strafe!

Hundehierarchien existieren doch

In den letzten Jahren wurde rein auf Belohnungen basierendes Training immer beliebter. Oft geht es dabei mehr um das Lernen von Tricks als um den Aufbau einer zufriedenstellenden sozialen Beziehung zwischen Hund und Mensch. Manche Extremisten, die ich gern mit Spitznamen 'Leckerchen-Taliban' nenne, behaupten, unter Hunden gäbe es keine sozialen Hierarchien und dass man die Begriffe

'Es gibt zahllose Berichte darüber, wie Hunde zur Verteidigung von Menschen selbstloses Verhalten gezeigt haben.'

Es gibt zahllose Berichte darüber, wie Hunde zur Verteidigung von Menschen selbstloses Verhalten gezeigt haben. Diese gegenseitige Loyalität kann dem Hund gegenüber schnell zu einem Gefühl der Verpflichtung werden, das mit der Liebe vergleichbar ist, die wir gegenüber unseren Familienmitgliedern zeigen – oder diese sogar noch übertrifft. Nur zu oft habe ich Kunden sagen hören, dass sie ihren Hund mehr als ihre Eltern oder ihren Partner lieben und dass ihre Trauer beim Verlust des Hundes größer war als die beim Verlust eines Elternteils. Die Beziehung zwischen Mensch und Hund ist wahrhaft aus starkem Stoff gemacht!

'Guter Hund, böser Hund'

Dies ist eine blödsinnige Unterscheidung! Ein Hund, der bellt, beißt oder Schafe jagt, ist nicht 'böse', sondern hat einfach herausgefunden, dass diese Verhalten ihm bestimmte Vorteile bringen. Hunde sind Opportunisten und unsere

Dominanz und Unterordnung ganz aus dem Hundeverhalten streichen müsse. Nichts könnte weiter von der Wahrheit entfernt sein! Dazu habe ich selbst einmal einen Vortrag auf einer Konferenz gehalten, die 1999 in Wien zu Ehren des Nobelpreisträgers Konrad Lorenz statt-fand. Lorenz' Bücher sind gespickt mit Be-obachtungen der vielen Hunde, mit denen er

Wenn mehrere Hunde sich selbst überlassen werden, stellen sie schnell eine Hierarchie innerhalb der Gruppe auf.

Den Bauch zu zeigen kann ein Zeichen für Unterwerfung
sein - aber auch eine Aufforderung zum Kratzen!

Enger Kontakt mit dem Besitzer, Lob und Ohrenkraulen
sind alles Belohnungen für gutes Verhalten.

gelebt hat. Während die Beschreibungen von
Dominanz viel Raum einnehmen, werden Liebe
oder Abhängigkeit zwischen den beiden Spezies
kaum erwähnt. Ich finde das besonders deshalb
überraschend, weil es Lorenz war, der den Begriff
der 'Prägung' zur Beschreibung der starken
Bindung junger Vögel und Säugetiere an ihre
Eltern geschaffen hat. Jeder kennt das berühmte
Beispiel der jungen Graugänse, die so auf ihn
geprägt waren, dass sie ihm in einen See folgten.

dominanteren Hundes hin ab. Objektbesitz
und Ressourcenverteidigung ist der einfachste
Weg zur Beurteilung sozialer Hierarchien unter
Hunden. Die Wissenschaftler Scott und Fuller
haben in den 1950er Jahren in Bar Harbor,
Maine, einen Knochenrückeroberungs-Test
gemacht, um die Hierarchien an verschiedenen
Hunderassen zu bestimmen. Ein Knochen, zwei
Hunde – und einer wird klar der Sieger sein. Die
Reduktion auf eine so einfache Faustregel kann

'Wenn Sie den weniger dominanten Hund ständig bevorzugen, können Sie die soziale Stabilität schwächen.'

Trotzdem zähle ich mich nicht zu denjenigen, die
die Existenz sozialer Hierarchien verneinen. Für
die Avantgarde der 'Futtertraining'-Befürworter
unter den heutigen Hundetrainern mag das eine
unbequeme Wahrheit sein.

Dominanz heißt nicht Aggression
Beobachten Sie einmal Hunde im Park: Einer
hebt ein Spielzeug oder Stöckchen auf und gibt
es kampflos allein auf den Blick eines anderen,

aber auch irreführend sein, weil es bei sozialer
Dominanz unter Hunden um mehr geht als
nur um Objektbesitz. Wir Menschen wechseln
unsere Führungsrollen in der Familie je nach
Zeit, Ort und Situation. Vor dem Zeitalter der
Gleichberechtigung waren es die Frauen, die
Zuhause das Sagen hatten und Männer, die
das Geld verdienten. Aber auch vor 60 Jahren
und auch sicherlich heute noch gab und gibt es
Millionen komplexer Fälle, wer was wann und

Dominanz: Nützliches Konzept oder irreführender Begriff?

Wenn Sie ein traditionelles Buch über Hundetraining lesen, wird Ihnen wahrscheinlich häufig der Begriff 'Dominanz' begegnen und Sie werden lesen, dass der entscheidende Faktor zum Gelingen einer Mensch-Hund-Beziehung ist, dass Sie 'Rudelführer' sind. Nach dieser Sichtweise ist die Ursache für Hunde, die weglaufen, nicht vom Bett herunterwollen, Ihre Besitzer beißen oder im Auto unkontrolliert bellen immer ein schwacher Besitzer, der sich keinen Respekt verschafft hat. Eine beliebte Fernsehsendung zeigt einen bekannten Trainer, der sogenannte dominante Hunde dadurch 'korrigiert', dass er sie grob anfasst und anrempelt, sie im 'Alpha-Wurf' auf den Rücken schmeißt oder sogar an einem Würgehalsband durch die Luft schleudert, bis sie nachgeben. In einer besonders tief blicken lassenden Folge sieht man den Trainer, wie er einen Golden Retriever 'behandelt', der seinen Futternapf verteidigt. Dabei wird er selbst kräftig in die Hand gebissen, weil er den verängstigen Hund sinnlos provoziert hat anstatt eine freundlichere und weniger konfrontative Strategie zu versuchen. Das ist beängstigend, kontraproduktiv und passt nicht zu der natürlichen Veranlagung von Hunden, mit Menschen umzugehen. In der Vergangenheit haben Autoren und Hundetrainer den Begriff sozialer Dominanz häufig überstrapaziert und dabei interessantere Aspekte der Mensch-Hund-Beziehung vernachlässigt. Einer davon ist die zuerst von dem Psychiater John Bowlby im Hinblick auf die Mutter-Kind-Bindung entwickelte Bindungstheorie. Wir alle hoffen, dass unser Hund sich an uns bindet und die Zeit und Aufmerksamkeit, die wir ihm schenken, auch zurückgibt. Es schmeichelt uns, wenn er bei unserem Weggehen traurig ist und sich über unsere Rückkehr freut. Wenn er keine solchen Zeichen der Zuneigung zeigt, könnten wir uns mit gutem Grund fragen, was man dann überhaupt mit einem Hund sollte, der sich offenbar nichts aus einem macht.

Kritiker der Hundehaltung führen manchmal an, wir würden Hunde vermenschlichen und ihnen einen Status zuweisen, der ihnen gar nicht gebührt. Meiner Meinung nach trifft das auf die meisten Hundehalter nicht zu, auch wenn es natürlich immer einige gibt, die ihre Leidenschaft bis zum Exzess betreiben. So gibt es speziell arrangierte Hundehochzeiten, Gourmetrestaurants für Hunde, teure Hundehotels, edelsteinbesetzte Halsbänder und so weiter. Trotzdem würde ich sagen, dass ein solches Verwöhnen des Hundes, in Maßen betrieben, nicht kritikwürdiger ist als Freundlichkeit, Rücksichtnahme und angemessene Großzügigkeit gegenüber Freunden.

Einmischen des Besitzers und Festhalten an der Leine kann erst recht zu Konflikten unter Hunden führen.

Nicht immer gewinnt der größere Hund: Manchmal überlässt er die Trophäe auch seinem kleineren Freund.

Meine Hunde verteidigen manchmal unseren Garten gegenüber Besuchern. Für diese Fälle haben ich einen Pet Corrector zur Hand.

warum macht. Genauso ist es auch bei Hunden.

Wenn Sie zwei oder mehr Hunde haben, sollten Sie diese sozialen Hierarchien im Spiel mit ihnen berücksichtigen und nicht versuchen, sich dort einzumischen oder den sozialen Status des Alphadogs zu unterminieren. Wenn Sie ständig den weniger dominanten Hund unterstützen, können Sie soziale Instabilität schaffen, was Raufereien bedeuten kann.

Mit der Hierarchie arbeiten

Gute Hundebesitzer arbeiten mit den Regeln der sozialen Dominanz, nicht gegen sie – was allerdings keineswegs den Einsatz körperlicher Gewalt, von Schmerzen oder irgendeiner Form von Zwang gegenüber dem Hund rechtfertigt. Echte Kämpfe sollten in einer stabilen Hundegruppe selten vorkommen, denn die meisten Streits werden mit Blicken, Knurren, unterwürfigem Wegdrehen des Körpers oder einer beschwichtigenden Spielaufforderung entschieden. Leider bauten viele der Grundsätze im Hundetraining aber darauf auf, dass die Besizer ihren Hunden mit Würgehalsbändern, Stromreizgeräten und ähnlichen Instrumenten

Schmerzen zufügen sollten.

Frühe Trainer wie beispielsweise Konrad Most ersannen ein schreckliches Arsenal an Foltermethoden, um Hunde 'abzurichten': 'Erziehung' war gleichgesetzt mit 'Schmerzvermeidung'. Dabei sind Hunde viel zu clever für solche Hauruck-Methoden und unser Grundsatz sollte sein, dem Hund niemals wehzutun! Schon allein aus dem Grund, dass Ihre langfristige Beziehung zu ihm davon abhängt, dass er der Berührung Ihrer Hände, dem Klang Ihrer Stimme und Ihrer Beziehung ganz und gar als etwas Positivem vertraut. Einen Hund mit einem Stock, mit der Hand oder dem Fuß zu schlagen, zerstört dieses Vertrauen und damit die Aussicht auf langfristig gute Ergebnisse. Wenn es um die Erziehung geht, müssen Sie ein paar durchdachte Strategien zur Hand haben. Das ist Ziel dieses Buchs und dieses Kapitels im Besonderen.

Belohnung und Strafe

Überdenken Sie Ihr eigenes Verhalten: Was treibt Sie an, was lässt Sie am Morgen aufstehen, zur Arbeit gehen oder Hausarbeit erledigen? Es lohnt sich – vielleicht in Form von Geld, Schmeicheln des Egos oder jemand glücklich zu machen, indem man Essen auf den Tisch bringt oder ein Spiel zusammen spielt. Dies sind nur ein paar der positiven Dinge, die menschliches Verhalten motivieren.

Es gibt aber auch Strafen. Vielleicht Sanktionen, wenn Sie nicht zur Arbeit kommen.

es allein aus reinem Pflichtbewusstsein sein Zimmer aufräumt, seine Schuhe putzt oder seine Hausaufgaben macht. In dieser Hinsicht sind Hunde genau wie Kinder und wir müssen uns Belohnungen ausdenken, die zu den erwünschten Ergebnissen führen. Ein guter Hundetrainer und Hundebesitzer hat herausgefunden, was genau seinen Hund motiviert, denn dies ist eine

'Amerikanische Hunde scheinen Erdnussbutter besonders zu mögen, andere tun alles für Hühnchenleber'

Ich habe einmal für ein großes Unternehmen gearbeitet, das seinen Mitarbeitern einen 'Pünktlichkeitsbonus' zahlte. Eigentlich war das aber aber eine Strafe in Höhe von zehn Prozent Gehaltsverzicht, wenn jemand zu spät kam. Handelte es sich nun um eine Belohnung oder um eine Strafe? Das hängt von der Perspektive ab, aber das Ergebnis war das gleiche. Jeder fuhr zu schnell, um pünktlich zur Arbeit zu kommen!

Eltern wissen sehr genau, wie machtvoll materielle Besitztümer, Privilegien oder Geld wirken können, wenn Kinder Aufgaben erledigen sollen. Man kann dies Bestechung nennen, aber erwarten Sie nicht von Ihrem Kind, dass

individuelle Sache. Hier einige Beispiele für Sachen, die Hunde lohnenswert finden.

Leckerchen

Futter ist meistens Motivator Nummer eins und praktischerweise ein Belohnungssystem, das je nach Reaktion des Hundes zeitlich und mengenmäßig bemessen werden kann. Die meisten Hunde bekommen ein oder zwei Mahlzeiten pro Tag und zusätzlich Leckerchen im Training, aber Sie können auch die gesamte Tagesration ausschließlich im Training geben. Das ist allein Ihre Entscheidung.

Nicht nur die Größe einer Futterbelohnung

Erkunden Sie die Vorlieben und Abneigungen Ihres Hundes. Reservieren Sie besonders gute Belohnungen für besonderes wichtige Verhaltensweisen.

Die Belohnung: Charlie bekommt ein Leckerchen dafür, dass er im Training aufgepasst hat. Gelegentliche Futterbelohnungen stärken die positive Beziehung.

spielt eine Rolle, sondern auch ihre Schmackhaftigkeit. Kleine Mengen toll schmeckender Leckerchen sind motivierender als große Mengen nicht so begehrten Futters. Die meisten Hunde mögen lieber feuchtes als trockenes Futter und feuchte Leberhäppchen sind meist der Gipfel der Genüsse. Es gibt aber massive individuelle Unterschiede in den Vorlieben: Amerikanische Hunde scheinen Erdnussbutter besonders gern zu mögen, während andere für Hähnchenleber mit Knoblauch oder auch nur eine Karotte alles tun. Probieren Sie aus, was Ihr Hund mag oder nicht mag und lassen Sie ihn – im Rahmen des Vernünftigen – entscheiden!

Manche Hundefuttermarken enthalten genau definierte Energiemengen, sodass Sie die Kalorien zählen und Überfütterung vermeiden können. Ein 10 kg schwerer erwachsener Terrier braucht etwa 700 Kalorien am Tag, etwa ein Drittel des Energiebedarfs einer kleinen Person. Damit haben Sie die Möglichkeit, Ihrem Hund an einem Tag viele Futterbelohnungen zu geben. Wie Sie später im Buch noch sehen werden, empfehle ich für die ersten Trainingsphasen immer 'oft und wenig'; also möglichst kleine Leckerchen.

Spielen

Der britische Tierarzt Mike Fox hat den schönen Spruch geprägt 'Play together, stay together', also etwa 'Spielen schweißt zusammen'. Er hatte Recht, und natürlich lieben Hunde Spiele. Finden Sie heraus, was Ihr Hund am spannendsten findet. Die ungewöhnlichen Geruchsleistungen von Drogen- oder Sprengstoffspürhunden sind meistens von der Aussicht auf nur wenige Minuten Spiel mit einem Quietschespielzeug oder Ball motiviert. Spürhunde sind meistens Springer Spaniel, deren einziges Ziel im Leben darin zu bestehen scheint, Gegenstände aufzuspüren und zu apportieren. Kein Bullterrier oder Mastiff, der etwas auf sich hält, würde für eine solch triviale Belohnung 'arbeiten': Er würde eher den Ball zerfetzen und warten, dass etwas Besseres nachkommt!

Egal ob das Belohnungs-Spiel im Werfen und Apportieren oder ein paar Minuten ausgelassenen Wettzerrens besteht: Es muss immer unter Ihrer Kontrolle sein, das heißt, dass Sie es beginnen und beenden.

Soziale Anerkennung

Sigmund Freud prägte die Begriffe Ego, Id und Superego, mit denen er sich auf die manchmal widersprüchliche Natur menschlicher Gefühle bezog. Hunde sind da nicht viel anders: Das Ego spielt mit Sicherheit eine große Rolle in der hündischen Motivation und es ist das Ego, das Anerkennung, Lob und Bewunderung von anderen haben möchte. Hunde leben oft in einer unsicheren Welt, aber ein einfacher Blick, eine Berührung oder ein freundliches Wort von Ihnen

Hunde lieben es, bei ihren Menschen auf dem Schoß oder neben ihnen auf dem Sofa zu sitzen. Wichtig ist nur, dass sie verstehen, dass dies ein Privileg und kein Recht ist. Belohnungen (links) und Strafen wie Ignorieren (rechts) steuern das Verhalten.

kann sie glücklich machen und ihnen den Tag versüßen. Die Einfachheit und Ehrlichkeit ihres Charakters ist vielleicht das Liebenswerteste an Hunden.

Dieser Wunsch nach Aufmerksamkeit bedeutet aber auch: Wenn wir eingreifen, um unerwünschtes Verhalten wie zum Beispiel Stehlen oder Jagen zu stoppen, belohnen wir es in Wahrheit damit: Der Hund hat unsere

den Kontakt vermeiden. Es ist nicht nötig, laut zu werden oder zu schlagen, allein der Entzug von Gesellschaft, Blickkontakt, Stimme oder Berührung ist Strafe genug.

Komfort

Hunde schätzen den Komfort, sei es ein warmes Plätzchen im Winter oder ein kühles im Sommer. Und natürlich Betten – vor allem Ihres, das viel

'Der Entzug von Aufmerksamkeit ist oft eine der stärksten Möglichkeiten, einen Hund zu bestrafen.'

Aufmerksamkeit bekommen, was vielleicht genau das war, was er wollte. Man nennt dies 'unabsichtliche Bestätigung unerwünschten Verhaltens' und es ist der Schlüssel dazu, warum Hunde oft etwas tun, das sie nicht sollen. Es ist auch auch der Grund dafür, warum eine Ermahnung oder sogar körperliche Strafe so oft kontraproduktiv ist.

Der Entzug von Aufmerksamkeit ist oft eine der stärksten Möglichkeiten, einen Hund zu bestrafen. Psychologen nennen das meist eine 'Auszeit', in der das Kind oder der Hund allein gelassen werden. Alternativ könnten Mutter oder Hundebesitzer sich brüsk abwenden und

verlockender ist als das Schlafen auf dem Boden. Der Zugang zu solchem Komfort kann mit Geduld und Geschick von Ihnen als Belohnung für erwünschtes Verhalten eingesetzt werden. Lassen Sie es nie selbstverständlich werden, dass der Hund zu Ihnen aufs Bett oder Sofa darf. Lassen Sie ihn zumindest erst sitzen und warten, bevor Sie ihn zum Hochkommen auffordern. Denken Sie sich dazu Ihre eigenen Wort- und Handsignale aus, vielleicht Klopfen auf das Sofa für 'rauf' und Zeigen auf den Boden für 'runter'. Sie machen Ihren Hund glücklich, wenn Sie ihm diese Privilegien manchmal zugestehen, aber bestimmen Sie Zeit und Ort dafür.

PC findet mein Bett attraktiver als das Schlafen auf dem Fußboden oder in seinem Körbchen. Er darf diesen Luxus aber nur mit meiner ausdrücklichen Erlaubnis genießen.

Aktivitäten

Die Freiheit, herumzustreunen, zu rennen und all das zu tun, was Hunde gerne tun, ist etwas, das wir ihnen zugestehen müssen. Das Klingeln der Schlüssel, der Anblick der Leine oder Ihrer Jacke werden zu Ankündigungen für den Hund, dass es gleich in Feld und Wald geht. Für die meisten Hunde ist das der Höhepunkt des Tages und es ist eine absolute Verpflichtung des Besitzers, dafür zu sorgen, dass er stattfindet. Leider gibt es in vielen Städten nur eingeschränkte Möglichkeiten zum Ausführen von Hunden oder strenge Leinenpflicht, die Freilauf und Spielen mit anderen Hunden verhindert.

Genauso wichtig wie die Länge des Spaziergangs ist aber auch seine Qualität. Lassen Sie Ihren Hund an den Spuren anderer Hunde schnüffeln, Eichhörnchen nachschauen, kleine Lebewesen im hohen Gras finden und ihn kleine Aufgaben lösen, die Sie ihm unterwegs stellen.

In der Nähe von Straßen oder anderen gefährlichen Orten müssen Hunde natürlich an der Leine geführt werden, und viele von ihnen hassen es. Das für beide Seiten leidige Ziehen an der Leine ist das, worüber sich Hundehalter am häufigsten beklagen. Dabei kann schon der Junghund lernen, dicht bei Ihnen zu bleiben und sich an lockerer Leine sicherer und wohler zu fühlen als beim Zerren nach vorn. Welpen, die Leinenführigkeit nicht schon in den ersten Wochen gelernt haben, können später eine größere Herausforderung sein. Mit der Erfindung des Haltis und dem Trainieren alternativer Verhalten habe ich mir insbesondere in Sachen Leinenführigkeit einen Ruf erarbeitet. Mehr darüber und über mehr oder weniger sinnvolle Hilfsmittel erfahren Sie im nächsten Kapitel.

Strafen

Das Leben ist nicht immer ein Zuckerschlecken und auch Hunde müssen sich nach manchen Regeln und Erwartungen richten. Wenn Sie als Kind eine heiße Herdplatte angefasst haben, wurden Sie bestraft. Wenn Sie über eine rote Ampel fahren, riskieren Sie Strafpunkte oder einen Unfall. Genauso sind Strafen auch für ein ausgewogenes Hundetraining wichtig. Ungezogenes oder gar gefährliches Verhalten wie Hochspringen, Dauerkläffen, Essen stehlen oder Jagen anderer Tiere ist einfach inakzeptabel.

Das Schnüffelspiel

Gegenstände anhand ihres Geruchs aufzuspüren ist ein fantastisches Spiel für sogenannte 'hoch im Treib stehende' Hunde mit besonders guten Sinnesleistungen wie z.B. Spaniels oder Border Collies. Halten Sie den Lieblingsball oder das Lieblingsspielzeug Ihres Hundes bereit: Das wird seine Belohnung für das erfolgreiche Finden. Starten Sie das Spiel mit dem Fallenlassen eines Gegenstandes wie z.B. eines Handschuhs und ermuntern Sie Ihren Hund, ihn zu 'finden' und bringen. Spielen Sie eine Minute lang mit dem Ball und wiederholen dann das Ganze, wobei Sie dieses Mal den Suchgegenstand weiter weg ins hohe Gras oder in schwierigeres Gelände werfen.

Bei Jez, einem frustrierten und manchmal sehr aggressiven Jack Russell Terrier, wirkte dieses Spiel wahre Wunder und wir konnten ihn mit den Suchaufgaben bestens managen. Er konnte ein Grasknäuel finden, das seine Besitzerin in ihren Händen gerollt hatte und lernte später sogar, einen einzelnen auf einer Wiese fallen gelassenen Grashalm zu finden. Für Jez wurden Spaziergänge mehr als nur Rennen und Herumschnüffeln: Endlich hatte der anspruchsvolle kleine Terrier eine echte Aufgabe zu erfüllen.

Labrador Retriever wurden als Jagdhunde gezüchtet und lassen sich leicht dazu trainieren, geschossenes Federwild zu apportieren. Such- und Bringspiele trainieren den gleichen Instinkt – mit Spiel und Lob als Motivation.

Mit einer belohnungsbasierten Strategie allein lassen sich diese Ereignisse nicht verhindern. Hier sind einige Methoden, mit denen ich vernünftige Grundregeln aufstelle.

Stimme

Auch wenn im Hundetraining das Positive immer deutlich gegenüber dem Negativen überwiegen sollte, so hat doch das Wort 'nein' seinen Platz in unserem Wortschatz. Sie müssen

Leinenführigkeit: Was zu beachten ist

- Kaufen Sie lieber eine längere als eine kürzere Leine. Zwei Meter sind ideal. Zwei Einhakmöglichkeiten sind besser als eine.
- Passen Sie dem Hund ein Geschirr und ein Halsband an, damit Sie zwei Kontaktpunkte haben: am Rücken und am Hals.
- Bleiben Sie beim Gehen oft stehen, etwa alle 15-20 Schritte. Beugen Sie sich zum Hund herunter, streicheln Sie ihn und sprechen mit ihm, warten einen Moment und gehen dann weiter.
- Belohnen Sie ihn mit Leckerchen, wenn er mit der Schulter neben Ihrem Bein bleibt.
- Traditionell geht der Hund auf der linken Seite. Das stammt noch aus Militärzeiten, weil man rechts das Gewehr trug. Wenn Sie den Hund lieber rechts von sich führen, spricht nichts dagegen.
- Verzichten Sie auf Würge- und Stachelhalsbänder. Der Hals des Hundes ist genauso empfindlich wie Ihrer, behandeln Sie ihn also genauso sorgsam.
- Lassen Sie sich von einem guten Hundetrainer helfen, wenn Sie nicht weiterkommen. Wenn ein großer Hund Sie auf die Straße zieht oder Ihnen Muskelzerrungen zufügt, kann das gefährlich werden.
- Clickertraining (s. Kap. 4) kann ein guter Weg sein, das Nicht-Ziehen zu belohnen, aber auch ein weiches 'guter Junge!' kann eine wirksame Belohnung sein.
- Benutzen Sie eine Leine mit Haken an jedem Ende zum Festmachen an Halsband und Geschirr bzw. Kopfhalfter.

Im Idealfall geht der Hund an lockerer Leine neben Ihrem Knie. Bleiben Sie ab und zu stehen und lassen den Hund sitzen. Suchen Sie die Hilfe eines guten Trainers, wenn Sie nicht weiterkommen.

Gutes Timing ist hilfreich, aber nicht entscheidend

Viele Autoren und Hundetrainer sagen, dass Lob und Strafe immer unmittelbar auf das betreffende Verhalten folgen müssten. Das Problem an dieser Auffassung ist, dass sie die kognitiven Fähigkeiten von Hunden massiv unterschätzt. Im Gegensatz zu den in Versuchen benutzten Ratten und Tauben, die relativ einfache Aufgaben wie Drücken eines Hebels oder Anpicken eines Symbols ausführen mussten, sind Hunde zur Bewältigung viel komplexerer geistiger Herausforderungen fähig, die Psychologen als Kognition bezeichnen. Sie ist eine Art des Denkens und der Problemlösung, die unserem Gebrauch von Intuition, Versuch und Irrtum und manchmal auch lang verzögerten symbolischen Verstärkern ähnelt, wenn wir es mit komplexeren Situationen zu tun haben. Hunde besitzen geistige Fähigkeiten, die weit über das hinausgehen, was die ersten Lernforscher in Laboren herausgefunden haben. Sie können Ihrem Hund wichtige Verhaltensregeln in Verbindung mit feinen Signalen mit viel komplexeren Verstärkern beibringen, als es beispielsweise Leckerchen oder Stromstöße sind. Was das Lernverhalten der Tiere betrifft, herrschen gerade spannende Zeiten. So weiß man zum Beispiel, dass Hunde ein 'Fallgedächtnis' besitzen und sich scheinbar lebenslang an ein bestimmtes Ereignis erinnern können. Wir wissen auch, dass Primaten, Elefanten, Pferde und Rabenvögel zu sozialer Kognition fähig sind. Es wurde experimentell nachgewiesen, dass sie sozusagen die Gedanken von Artgenossen lesen können, ohne dass offensichtliche körpersprachliche Signale vorhanden sind. Ich vermute, dass Hunde beim 'Lesen' von uns Menschen auf diese Weise auch unsere nächsten Bewegungen und Gefühle vorwegnehmen können. Hunde sind auch zu komplexen Problemlösungsstrategien imstande - gute Nachrichten für diejenigen unter uns, deren Timing im Training nicht so perfekt ist oder die nicht möchten, dass sich ihre Hunde wie mechanische Spielzeuge benehmen.

Sie würden ja auch ein Kind nicht wie eine Laborratte oder eine Taube erziehen wollen - also wenden Sie diese harschen Strategien auch nicht auf Ihren Hund an!

Tricks wie 'Gib Pfötchen' können helfen, den Hund von unerwünschtem Verhalten abzulenken.

Erarbeiten Sie sich Ihre eigenen Signale, um Essenstehlen zu verhindern. Die flache ausgestreckte Hand kombiniert mit einem 'Schschsch'-Geräusch funktioniert bei Bubba als Verboten-Signal.

ein Signal haben, mit dem Sie ein unerwünschtes Verhalten beenden oder zumindest missbilligen können. Das muss nicht unbedingt ein Wort sein: Ein Handsignal oder Gesichtsausdruck können genauso effektiv sein.

Der Ton unserer Stimme drückt unseren Gefühlszustand viel deutlicher aus als der Inhalt der Worte. Allein daran erkennen Hunde schnell, ob wir ruhig, gestresst, amüsiert oder verärgert sind und reagieren entsprechend. Auch Intensität und Lautstärke spielen eine Rolle: am besten sprechen wir mit Hunden leise. Normalerweise gibt es angesichts ihres feinen Gehörs keinen Grund dafür, Kommandos zu schreien. Es wird aber auch Umstände geben, in denen eine laute und ärgerliche Stimme angebracht ist, zum Beispiel wenn Sie raufende Hunde auseinander bringen möchten. Ich habe viele Hundekämpfe miterlebt und poltere schon bei den Anfängen von etwas, das sich in Richtung Beißerei entwickelt, los – und zwar laut! Üben Sie ärgerliche, kehlige Geräusche allein vor einem Spiegel und benutzen sie bei den Hunden, wenn sich etwas Inakzeptables zusammenbraut.

'Schsch'

Ein weiteres praktisches Signal zum Unterbrechen unerwünschten Verhaltens ist ein zischendes 'schsch', wie beim Öffnen einer Mineralwasserflasche. Es scheint für alle möglichen Kreaturen intuitiv verständlich zu sein – meine Theorie ist, dass dies mit dem Zischen von Schlangen oder anderen gefährlichen Tieren zu tun hat. Es ist ein klares Warnsignal: 'Weg da – sonst!' Sie können zwischen den Zähnen hindurch zischen oder im richtigen Moment eins der speziellen Sprühhalsbänder (s.S. 61) betätigen. Benutzen Sie das Schsch also für Ihren Hund, wenn er zum Beispiel Müll von der Straße klaubt oder an Ihre Lieblingsrose markiert. Es ist die mildeste aller Abschreckungen, aber trotzdem ein Signal zum Aufhören.

Rappeldose

In älteren Büchern über Hundetraining wird oft vorgeschlagen, einen Metallgegenstand

Die in seine Nähe geworfene Rappeldose reicht aus, um Buttons davon abzubringen, etwas im Gras Gefundenes zu fressen.

wie einen Schlüsselbund oder eine Kette zu werfen, um damit unerwünschtes Verhalten zu stoppen. Theoretisch soll das unerwartete Klappern den Hund erschrecken und von seinem Tun abbringen. Der Gedanke ist richtig, aber Schlüssel haben scharfe Kanten und Ketten machen eher ein dumpfes Geräusch, wenn sie auf dem Boden landen. Hier kommt die Rappeldose ins Spiel!

Sie war eine meiner wirklich guten Ideen – nur leider kann man sie nicht patentieren lassen, denn alles, was man braucht, ist eine Handvoll Kieselsteine in einer Getränkebüchse oder Plastikflasche – und schon haben Sie einen sehr wirksamen Unterbrechungsreiz zur Hand.

Empfindliche Hunde können schnell lernen, schon das Geräusch eines rutschenden Kieselsteins zu fürchten – seien Sie also vorsichtig, wenn Sie ihn erstmals mit der Rappeldose bekanntmachen. Achten Sie genau auf seine Reaktion und passen Sie die Intensität entsprechend an. Für viele Hunde ist die Dose

Fallbeispiel: **Scooby, der Schafsterrorist**

Scooby ist ein selbstbewusster, geselliger Border Collie, der vor vier Jahren zu mir kam, weil er sich mit einem Terrier zusammengetan und mehrere Schafe getötet hatte. Dabei hatte er sie nicht gebissen, sondern auf einen Haufen zusammengedrängt, woraufhin die unteren kläglich erstickten. Ein grässlicher Tod! Das Ganze war natürlich ein echtes Desaster und der Farmer verlangte verständlicherweise, dass die Hunde getötet würden. Ich nahm Scooby bei mir zuhause auf und er ist heute ein hervorragender Arbeitshund, der gelernt hat, was er mit meinen Schafen machen darf und was nicht.

Scoobys erstes Training beruhte auf einfachen Materialien, die sich kostenlos auf jeder Farm finden: Heuballenschnur und Steine in einer Blechbüchse. Wir hielten ihn an einer 10 m langen Leine und gingen mit ihm durch meine Schafherde: sobald er spielerisch auf eins von ihnen lossprang, landete die Dose neben ihm. Das geschah vier Mal, danach reichte ein leichtes Klappern mit der Dose, damit Scooby seine spielerische Jagd schon im Ansatz abbrach. Am nächsten Tag wiederholten wir die Übung und mussten ihm die Dose nur ein einziges Mal zeigen. Danach brauchte Scooby die Warnung

niemals wieder. Er macht uns heute viel Freude und bleibt sogar brav im Platz liegen, wenn unsere handaufgezogenen Lämmer ihn anrempeln oder an seinen Ohren kauen. Scooby hat die Regeln gelernt, aber es bedurfte einer deutlichen und genau getimten Strafe für die Verfolgung der Schafe.

Border Collies sind in Hundesportarten wie Agility oder Dogdance sehr beliebt, weil sie so unermüdlich und aufmerksam sind, wie es eben für die Arbeit bei einem Schäfer nötig ist. Aber sie sind auch sehr anspruchsvolle Hunde!

Border Collies hüten instinktiv Schafe, aber wie meine Erfahrung mit Scooby zeigt, kann man dieses Verhalten auch auf andere, passendere Aktivitäten umlenken.

Die Rappeldose hält Ihren Hund auch davon ab, ohne Ihre Erlaubnis die Treppe herauf zu kommen. 1 Bringen Sie ihn ins 'Bleib'. 2 Wenn er auf die erste Stufe tritt, werfen Sie die Dose. 3 Wiederholen Sie das Kommando 'bleib' oder 'Platz'.

aber eine praktische (und billige) Trainingshilfe. Sie können sie in allen möglichen Situationen benutzen: Um einen Welpen am Stehlen von Essen vom Wohnzimmertisch oder Klettern aufs Sofa zu hindern, am Jagen der Katze oder Wälzen in Fuchskot. Wenn Kontext und Timing stimmen, lassen Sie die Dose in etwa einem Meter Entfernung vom Hund fallen und sagen Sie nichts. Reagiert er überrascht, amüsiert (hebt er sie wie ein Spielzeug auf?) oder ängstlich? Wie auch immer seine Reaktion ausfällt, sie sollte ihn von dem unerwünschten Verhalten ablenken. Unter keinen Umständen dürfen Sie ihm aber erlauben, mit der Dose zu spielen.

Bei den nächsten Malen müssen Sie die Dose vielleicht fester werfen oder sachter fallen lassen, je nachdem, wie er beim ersten Mal reagiert hat. Anschließend sollten Sie ihn aber unbedingt dazu auffordern, zu Ihnen zu kommen, sich hinzusetzen und sich streicheln zu lassen (oder etwas anderes, das er gerne mag). Strafen jeglicher Art lassen ein Vakuum zurück, das mit positivem Verhalten und Karma gefüllt werden sollte.

Sobald die abergläubische Angst (eine Angst, die größer ist als die objektiv von einer Dose ausgehende Gefahr) gebildet wurde, genügt schon das leichteste Klappern eines Kiesels in der Dose, um die Aufmerksamkeit des Hundes zu bekommen und als Ersatz für das Wort 'nein' zu fungieren. Übertriebener Einsatz der Rappeldose oder ihr Gebrauch zum falschen Zeitpunkt/ am falschen Ort schwächt ihre Wirksamkeit und kann schaden. Sie sollten sie schon bald ausschleichen und durch ein freundlicheres Signal wie 'Schsch' ersetzen können.

Der falsche Weg: Stromreizgeräte

Die Technik zum Verabreichen von Elektroschocks über das Halsband wurde vor mehr als 50 Jahren von deutschen Hundetrainern erfunden. Interessanterweise werden die Geräte aber heute in Deutschland kaum noch verwendet, während sie in anderen Ländern weit verbreitet sind. Nach Schätzungen der Industrie werden jährlich rund zwei Millionen Stromreizgeräte zum Hundetraining verkauft. Sie lassen sich in drei Kategorien einordnen:

unsichtbare Zäune, die den Hund beim Verlassen des Grundstücks mit einem Stromstoß bestrafen; Halsbänder, die per Fernbedienung einen Stromstoß absetzen und Halsbänder, die mittels einen eingebauten Sensors von selbst auslösen, sobald der Hund bellt.

All diese Geräte sind von erheblichen Kontroversen umgeben und ich persönlich würde sie am liebsten verboten sehen, weil sie den Hunden langfristigen emotionalen Schaden zufügen. Meiner Meinung nach sind sie etwas für faule Trainer, unzuverlässig in der Wirkung und ignorieren die Komplexität des Gefühlslebens von Hunden oder ihre Lernfähigkeit. Die schlimmsten Schäden fügen die Elektrohalsbänder dem Vertrauen und Selbstbewusstsein der Hunde zu: Eine zuvor als

sichtbaren Draht gefährlich ist.

Fleischfresser wie Wölfe oder Hunde haben keine Feinde wie die Pflanzenfresser. Sie lernen zwar auch, einen sichtbaren Reiz wie z.B. eine Stromlitze zu meiden, aber sie entwickeln eine abergläubische Furcht vor dem Ort, an dem sie den Stromstoß erlitten haben, wenn sie die Ursache nicht direkt sehen konnten.

Die für das Hundetraining verkauften Schockhalsbänder sind für ihren Träger natürlich unsichtbar, wenn er sie um den Hals hat. Es gibt kein Warnsignal und keine Ausweichmöglichkeit vor dem Stromstoß. Möglicherweise dauert es viele Stromstöße lang, bis der Hund lernt, dass das Übertreten einer Grenze, Bellen oder Nachjagen hinter Wild die Ursache für den Schmerz ist. Und glauben Sie mir: Diese Geräte

'Es kann viele Stromstöße brauchen, bis der Hund lernt, welches Verhalten Ursache für den Schmerz ist.'

spannend und sicher empfundene Welt wird gefährlich zu entdecken. Ich habe das bei meinen eigenen Hunden erlebt, wenn sie versehentlich an den Elektrozaun der Schafweide geraten sind. Nun könnte man natürlich fragen, warum es denn in Ordnung sei, einem Schaf, Rind oder Pferd einen Stromstoß zu versetzen, nicht aber einem Hund?

Warum reagieren Hunde und Kühe unterschiedlich auf Stromstöße?
Pflanzenfressende Herdentiere wie Rinder oder Schafe sind außerordentlich wachsam, damit sie schnell vor Gefahren wie z.B. Wölfen fliehen können. Die Berührung des Stromdrahts bewirkt bei ihnen langfristigen Respekt vor dem Zaun, aber sie grasen trotzdem nahe bis an ihn heran oder sogar darunter durch. Ein einziger Stromstoß reicht, um sie verstehen zu lassen, dass nur die körperliche Berührung mit einem

können sehr schmerzhaft sein – ich habe sie an mir selbst ausprobiert. Als Experiment schlage ich vor, dass Sie die Person, die Ihnen ein Stromreizgerät verkaufen will, bitten, es doch einmal an sich selbst zu testen, und zwar am Hals anstatt an der weniger empfindlichen Hand. Es gibt nur sehr wenige Fans der Geräte, die sich dieser Herausforderung stellen!

Sprühhalsbänder
Wie schon erwähnt, reagieren Hunde hoch empfindlich auf das 'Schsch'-Geräusch als universellem Warnsignal der Natur. Ein Halsband, das in Reaktion auf Bellen des Hundes Druckluft und damit ein Zischgeräusch ausstößt, wurde in den 1970er Jahren von einem französischen Tierarzt erfunden. Unter dem Namen Aboistop (von französisch aboyer, bellen) wurde es schnell zu einem beliebten Hilfsmittel vieler Hundetrainer. Es wurde auch

Fallbeispiel: **Bella, die taube Dalmatinerhündin**

Taubheit tritt bei 2–3 Prozent aller Dalmatiner auf und wird sehr kontrovers diskutiert. Manche Menschen vertreten die Meinung, dass taube Hunde gleich nach der Geburt eingeschläfert werden sollten. Ich finde das absolut falsch. Beim Dalmatiner ist die Taubheit erblich bedingt und betroffene Tiere müssen aus der Zucht genommen werden. Natürlich muss man bei tauben Hunden besonders darauf achten, dass sie nicht in Gefahren wie zum Beispiel den Straßenverkehr hineinlaufen. Aber ansonsten kann man mit dem Handicap gut umgehen und der taube Hund kann eine sehr gute Lebensqualität genießen.

In meinem Zentrum für Tierverhalten haben wir einmal ein Vibratonshalsband zum Training der Dalmatinerhündin Bella benutzt: Sie war sechs Monate alt, taub, sehr gehorsam und gut auf Handsignale trainiert. Zweck des Halsbands war es, eine Orientierungsreaktion hervorzurufen, die mit Futter belohnt wurde. Das Vorgehen bei der Konditionierung von Bella war exakt das gleiche wie im Clickertraining (s.S. 70).

Bella lernte schnell und schaute nach der 15. Vibration nach ihren Besitzern und dem Leckerchen. Das ist jetzt zwei Jahre her und Bella ist heute psychologisch auf einen 100-Meter-Radius um ihre Besitzer begrenzt – die Reichweite des Geräts. Moderne Technik kann auch die Lebensqualität von Hunden verbessern!

---

als Citronella-Sprühhalsband bekannt, weil man dachte, nur durch das Hinzufügen von für dem Hund unangenehmem Citronella-Duft könne man ihn vom Bellen abhalten. Meinen Beobachtungen nach ist der am Fell haften bleibende Citronella-Geruch aber eine zu starke Strafe für den Hund – das Zischgeräusch alleine reicht aus. Das Aboistop und ähnliche Produkte anderer Hersteller können meiner Erfahrung nach gut gegen Dauerkläffen helfen, aber nur, wenn es sich dabei um territoriales Bellen handelt. Wenn der Hund aus Trennungsstress bellt, können Sie den ohnehin schon unsicheren Hund noch mehr verängstigen. Wir sollten uns lieber auf die Ursachen des Verhaltens konzentrieren anstatt auf die Bekämpfung seiner Symptome!

Eine Variante der Anti-Bell-Halsbänder sind Sprühhalsbänder mit vom Besitzer gesteuerter Fernbedienung. Wie alle aversiven Reize muss auch dieser im richtigen Zeitpunkt und Moment angewendet werden. Die hilfreichste Anwendung findet dieses Gerät in der Unterbrechung von Jagdverhalten, aber wir hatten auch gute Erfolge damit bei kotfressenden Hunden (Kap. 6).

Vibrationshalsbänder

Man kann Verhalten auch mit einem speziellen Halsband unterbrechen, das Vibrationen auslöst. Die Reaktionen der Hunde auf diesen milden Reiz sind sehr unterschiedlich. Viele ignorieren ihn komplett, andere reagieren empfindlich und Sie müssen das Gerät mit großem Bedacht anwenden – und niemals, wenn Ihr Hund mit Stress darauf reagiert.

Vibrationshalsbänder können aber auch sehr hilfreich für das Training tauber Hunde sein (s. Kasten oben auf der Seite).

Taube Hunde lassen sich genauso leicht trainieren wie andere, vorausgesetzt, Ausrüstung und Technik stimmen.

4 Trainingstechniken

Immer schön locker bleiben

Immer schön locker bleiben

Die richtige Methode für Sie und Ihren Hund. Hundeschule ja oder
nein? Grundkommandos: Sitz-Bleib-Hier-Fuß. Clickertraining.
Leinenführigkeit, Spielen und sinnvolles Suchtraining – so findet
Ihr Hund Ihr Handy wieder. Problemlösungen und Tricktraining.

Solange wir einfühlsam und geduldig sind,
gehören Hunde zu den am leichtesten
trainierbaren Tieren der Welt. Probleme gibt es
nur, wenn wir uns von unserer Aufgabe ablenken
lassen und inkonsequent in unseren Signalen
oder Erwartungen werden. Zum Glück sind
die meisten Hunde so schlau, unsere Fehler in
Methodik und Timing zu übersehen und uns
als Trainer besser aussehen zu lassen, als wir es
eigentlich sind!

Was ist Gehorsam?

Mit Recht möchten Sie einen gehorsamen Hund
haben. Aber was genau verstehen Sie eigentlich
unter Gehorsam? Für viele bedeutet es mehr,
als dass der Hund seinen Namen kennt oder
kommt, wenn er gerufen wird. Sie meinen damit
auch, dass er nicht an der Leine zieht, nicht
ständig kläfft, den Briefträger nicht beißt und
keine Jogger verfolgt. Meine Vorstellung von
Gehorsam ist, dass das Gesamtverhalten des
Hundes gut zu Ihrem Lebensstil passt, er Ihre
(vernünftigen) Erwartungen erfüllt und auf die
üblichen Kontrollsignale hört. Und natürlich
möchte ich, dass er glücklich ist. So können
Sie bei Ihrem Hund die Entwicklung einer

'Meine Vorstellung von Gehorsam ist, dass das Gesamtverhalten des Hundes gut zu Ihrem Lebensstil passt.'

Das Training Ihres
Hundes findet immer
und überall statt, nicht
nur in der Hundeschule.
Ein reichlicher Vorrat an
Futterbelohnungen hilft!

Persönlichkeit und persönlicher Gewohnheiten zulassen, die sich von den Hunden anderer Leute unterscheiden kann. Vielleicht wird Ihr Hund niemals in einem Obedience-Wettkampf wie ein Roboter die Standardkommandos abspulen, aber Sie können die gemeinsame Sprache und die Signale ausarbeiten, die für Sie beide am besten funktioniert.

Organisiertes Hundetraining erreicht oft genau das Gegenteil meiner Definition von Gehorsam. Vermutlich gibt es Prüfungen verschiedenen Schwierigkeitsgrades, die vom jeweiligen Verband abgenommen werden. Natürlich muss man fairerweise sagen, dass einem Trainer, der acht oder zehn Hunde in einem Kurs hat, nichts anderes als ein Standardvorgehen übrig bleibt, aber das ist nicht Thema dieses Buchs. Vielleicht haben Sie gute Gründe, nicht in die Hundeschule zu gehen und Ihren Hund lieber zuhause zu erziehen, da, wo es auf sein gutes Verhalten ankommt. Ein klarer Vorteil von Hundeschulen ist allerdings, dass

Wie findet man einen guten Hundetrainer?

Eine Hundeschule zu finden, die für Sie und Ihren Hund richtig ist, kann eine echte Herausforderung sein. Die einzig verlässliche Messlatte sind positive Rückmeldungen anderer Hundebesitzer, hören Sie deshalb auf Mund-zu-Mund Propaganda und Erfahrungsberichte im Internet.

Verbände und Organisationen

Es gibt eine Vielzahl von Organisationen, die Hundetrainer verschiedener Kompetenzstufen zertifizieren. Meine persönliche Erfahrung ist aber, dass einige der besten Trainer keinem Verband angehören und nicht mit beeindruckend klingenden akademischen Qualifikationen aufwarten können. In England genau wie in Deutschland ist die Ausbildung zum Hundetrainer bisher nicht geregelt – jeder kann beliebige Buchstabenkürzel hinter dem Namen erfinden, die gar nichts bedeuten. Und oft ist es auch so!

Der erste Besuch

Treten Sie den ersten Besuch in der Hundeschule ohne Ihren Hund an und schauen Sie

erst einmal zu, bevor Sie sich fürs Mitmachen entschließen. Wird viel gebrüllt und gebellt, stürzen große Hunde sich auf andere oder schafft der Trainer es, jeden mit einzubeziehen und glücklich aussehen zu lassen? Gibt es Ablenkungen, die Ihren Lernprozess stören? Wie groß ist die Gruppe? Weniger Teilnehmer sind natürlich besser, weil die Aufmerksamkeit des Trainers sich auf wenigere Personen verteilt.

Räumlichkeiten

Auch die Räumlichkeiten sind wichtig: Hunde hassen rutschige Fußböden oder viel Krach. Am besten ist es immer draußen, ansonsten sind Reithallen eine gute Allwetter-Option.

Ab dem Alter von sechs Wochen wird der Welpe Ihnen automatisch folgen, wenn Sie sich von ihm wegbewegen. 1 Rufen Sie ihn, wenn er Ihnen nachläuft, damit er seinen Namen lernt. 2 Belohnen Sie ihn fürs Nachfolgen.

Sie andere Hunde und Menschen treffen: auch Hunde müssen soziale Komeptenzen lernen und ständig weiter entwickeln.

Wann soll das Training beginnen?

Ein Welpe beginnt zu lernen, sobald seine Sinne funktionieren, sprich mit etwa zwei oder drei Wochen. Er kann dann Vorlieben für Warm oder Kalt, Süß oder Sauer ausdrücken und hat bereits einen sehr guten Geruchssinn entwickelt, der ihn zu den Milchzitzen der Hündin führt. Erfolg in diesen täglichen lebenswichtigen Dingen ermutigt ihn dazu, die Welt um sich herum weiter zu entdecken und Erfahrungen hoffentlich

Überholte Trainingsmethoden

Lange Zeit dachte man, dass Hunde Befehle aus dem Beweggrund ausführen würden, ihrem Herrn 'gefallen' zu wollen. Entsprechend wurde über Zwang trainiert: Bei 'falschem' Verhalten oder Nichtbeachtung eines Kommandos erhielt der Hund einen Leinenruck, ein harsches Wort oder sogar einen Schlag.

Natürlich ist diese Methode Unsinn – oder würden Sie Ihr Kind so erziehen? Zum Glück gibt es heute nur noch wenige unbelehrbare Trainer dieser alten Schule und es gab eine massive Trendwende hin zu belohnungsbasiertem Training.

Ich werde in diesem Buch immer wieder auf die Vorzüge des Clickertrainings hinweisen (s. z.B. S. 70), wobei ich es aber nicht als den einzigen oder besten Weg im Hundetraining betrachte. Auch ein einfaches 'Guter Junge' speichert der Hund schnell als Zeichen dafür, dass er auf dem richtigen Weg ist.

Zum Abbrechen einer Handlung könnten Sie 'Nein!' sagen, aber ich empfehle eher das 'schschsch'-Geräusch (s.S. 56). Durch geschlossene Zähne gezischt, ist es ein sehr wirksamer aversiver Reiz, solange der Kontext (unerwünschtes Verhalten) genau stimmt.

überwiegend positiver Erlebnisse abzuspeichern. Andere Dinge wird er künftig meiden, weil sie unangenehm waren. Hier beginnt das Prinzip 'Belohnung versus Strafe', das für mich die Leitlinie des Hundetrainings ist.

Erste Schritte

Gute Züchter beginnen ihre Welpen dann zu trainieren, sobald sie sich neben Wurfgeschwistern und Mutter auch auf Menschen konzentrieren können. Die am leichtesten zu lehrende Reaktion ist das Nachfolgen in Verbindung mit dem 'Hier'-Kommando. Die natürliche Neigung des Welpen zum Nachfolgen ist im Alter von etwa sechs Wochen am stärksten. Wenn Sie in einem Moment, in dem er nicht abgelenkt ist, von ihm weggehen, sollte er Ihnen folgen – sagen Sie dann einfach 'hier'. Allein die Tatsache des Nachlaufens stärkt die Prägung des Welpen auf den Menschen, was für das spätere Training sehr wichtig ist.

Studien haben gezeigt, dass freundlicher Umgang mit Welpen – schon fast ab dem ersten Tag – die Entwicklung von Nerven- und Sinnessystem beschleunigt. Ein weiterer Vorteil

Klassische Konditionierung vs. instrumentelles Lernen

Die bekanntesten Versuche zum Lernverhalten der Tiere wurden im frühen 20. Jahrhundert von dem russischen Arzt Ivan Pavlov durchgeführt. Er bewies, dass Hunde die Ankunft von Futter durch Speicheln vorwegnehmen konnten. Genauso zuverlässig reagierten sie auch vorab auf ein unangenehmes Ereignis wie z.B. einen Stromstoß, wenn dieser immer durch ein Signal angekündigt wurde. Man nennt dies klassische Konditionierung und sie ist äußerst wichtig für unser Verständnis vom Hundeverhalten. Natürlich erwarte ich nicht von Ihnen, dass Sie Ihren Hund unbequemen Laborbedingungen à la Pavlov unterwerfen. Ihre Alltagsaktivitäten haben Ihren Hund schon auf eine ganze Reihe von Reizen konditioniert. Ihre Vorbereitungen zum Füttern zum Beispiel passen genau ins Pavlov'sche Versuchsschema: Der Hund ist auf Ihre Gesten konditioniert und speichelt erwartungsvoll. Wenn Sie vor dem Spaziergang Ihre Jacke anziehen, lösen Sie emotionale Reaktionen wie aufgeregtes Bellen aus. Der konditionierte Reiz ist in diesem Falll das Anziehen der Jacke, die konditionierte Reaktion die aufgeregte Vorfreude auf den Spaziergang. Instrumentelles Lernen, auch als operante Konditionierung bezeichnet, spielt eine große Rolle im Lernen und Verhalten: Ihr Hund wägt Nutzen und Kosten für sich ab. Er findet z.B. heraus, dass Sie erfreut mit Lob und Futter reagieren, wenn er Ihnen die Pfote gibt. Er nutzt das für sich aus, indem er Ihnen unaufgefordert die Pfote gibt und dafür belohnt wird: Er steuert Ihr Verhalten, um für sich selbst einen angenehmen Nutzen daraus zu ziehen.

dieses frühen Kontakts ist, dass die Welpen auf Geruch, Anblick und Geräusche von Menschen geprägt werden und uns wie Ihresgleichen betrachten. Das Ziel der Sozialisation von Welpen ist, dass sie Menschen vertrauen und gern auf sie reagieren. Wenn Sie einen Welpen erst später im Alter zwischen 8 und 12 Wochen zu sich nehmen und der Züchter sich nicht um diesen frühen Umgang gekümmert hat, sollten Sie erste Priorität auf das Training von 'komm mit' und 'hier' legen. Am besten stellen Sie immer den Namen Ihres Hundes voran – 'Rover – hier!'

Training findet immer statt

Alles, was Sie mit Ihrem Hund tun, hat Auswirkungen auf sein späteres Verhalten.

Clickertraining

Clickertraining wurde bekannt, als amerikanische Trainer Delfinen Tricks für Disney World & Co. beibrachten. Das Prinzip ist ein einfaches, klares Clickgeräusch, das genau in dem Moment gegeben wird, wenn der Hund die 'richtige' Handlung zeigt. Er assoziert dann den Click mit dem Verhalten. Der Click selbst hat so lange keine Bedeutung, bis er mit einer Belohnung gepaart wird.

Die preisgünstigen Clicker gibt es in verschiedenen Formen und Größen, aber das Prinzip ist immer das Gleiche: sie machen ein unverwechselbares Geräusch. Sie können zwar auch 'Guter Junge' sagen, aber das Ergebnis wird weniger präzise, weil unsere Stimme im Gegensatz zum Click nicht immer gleich klingt. Als Alternative zum Gebrauch eines Clickers können Sie auch mit Ihrer Zunge oder den Fingern 'clicken' .

Beginnen Sie Ihre ersten Versuche mit dem Clicker mit einer einfachen Übung wie z.B. 'Platz'.
1 Halten Sie Ihren Clicker griffbereit, wenn sich Ihr Hund zum Hinlegen anschickt.
2 Warten Sie, bis er sich von sich aus hinzulegen beginnt und kombinieren Sie das mit dem Kommando 'Platz' und einem klaren Handzeichen.
3 Clicken und belohnen Sie Ihren Hund.

Targettraining und das Locken mit Futter

Wenn Sie Ihrem Hund beibringen, einem sogenannten 'Targetstick' (wörtl.: Zielstab) mit seiner Nase zu folgen, eröffnet Ihnen das viele neue Möglichkeiten für neue und anspruchsvolle Aufgaben. Targetsticks kann man kaufen oder selbst machen, z.B. aus einem dünnen Bambusstab mit einem Weinkorken am Ende. Als ersten Schritt bestreichen Sie den Korken mit etwas Leberwurst und lassen Sie den Hund daran schnüffeln, woraufhin Sie clicken und belohnen. Wiederholen Sie das mehrere Male, bis Ihr Hund das Berühren des Korkens mit einer Belohnung verknüpft. Als Nächstes bewegen Sie den Stab mit dem nun sauberen Korken daran, sodass der Hund ihm folgen muss, um Click und Belohnung zu bekommen.

So können Sie den Hund schon bald zu Gegenständen locken, die er auf Kommando aufheben soll, ihn als Teil einer Tanzfigur zwischen Ihren Beinen hindurch führen oder ihn 'ins Körbchen' schicken. Profitrainer benutzen diese Technik, um Hunden sehr komplexe Aufgaben wie das Öffnen von Türen für Rollstuhlfahrer, das Herumführen von Blinden um Hindernisse oder das Bringen einer Medikamententasche für Diabetiker

Wenn Ihr Hund gelernt hat, einem Targetstick zu folgen, können Sie ihm damit viele komplexe Aufgaben beibringen.

beizubringen. Aber auch für eine verbesserte Kontrolle in Agility, Dogdance oder Nasenarbeit ist das Targettraining nützlich.

Sie können auch beliebig viele spontan gezeigte Bewegungen mit einfachen Hör- oder Sichtzeichen verknüpfen. Wenn Sie sehr erfolgreichen Trainern beispielsweise beim Dogdance zusehen, werden Sie bemerken, dass diese ihre Hunde mit einer schnellen Abfolge sehr subtiler Signale aus Körpersprache, Gesichtsmimik und Stimme steuern.

Hunde lernen sehr leicht, auf Handzeichen zu reagieren, die von 'hier' oder 'brings' bis 'spring ins Auto' alles Mögliche bedeuten können.

Die vier Hauptkommanos: Sitz-Bleib-Hier-Bei Fuß

Diese vier Hauptkommandos sollte jeder Hund kennen, und je früher er sie lernt, desto besser. Keins von ihnen ist besonders schwierig, wenn Sie das Training richtig angehen. Bei einem noch untrainierten erwachsenen Hund benötigen Sie aber möglicherweise speziellere Techniken und Hilfsmittel, als ich sie hier vorstelle.

'Sitz'

Geben Sie das 'Sitz'-Kommando, wenn der Welpe oder Hund sich spontan hinsetzt. 2 Clicken Sie (wenn Sie mit Clickertraining arbeiten), sagen Sie wieder 'sitz'… 3 …und belohnen ihn, wenn er folgt. Eine flach nach vorn gestreckte Handfläche ist zusammen mit 'bleib' oder 'warte' ein nützliches Kommando hierfür.

1 Führen Sie Ihre ein Leckerchen haltende Hand über den Kopf des Hundes, um ihn nach hinten zu locken … 2 … bis er ins Sitz rutscht. 3 Sobald er sitzt, öffnen Sie die Hand und geben ihm das Leckerchen. Das Locken mit Futter ist aber nur selten wirklich nötig, oft ist die oben beschriebene instrumentelle Methode besser geeignet.

Handzeichen

Da Hunde aufmerksamer auf unsere körperlichen Signale als auf unsere Stimme achten, ist es vernünftig, beides miteinander zu kombinieren. Dieser Cattle Dog ist taub, weshalb Handzeichen ein Muss sind.

1 Die flache Hand ist das Signal für 'bleib'. 2 'Der nach oben gestreckte Daumen kann 'gut gemacht' bedeuten oder ihn aus dem 'Sitz' entlassen.
3 Ausgestreckte Arme sind ein gutes Signal für 'hier'.

'Bleib 2'

Ich war einmal Richter in einem kuriosen Massensitz-Wettkampf, in dem ein braver Border Collie eine ganze Stunde lang im Sitz-Bleib blieb. Dann wurde uns allen langweilig und wir erklärten ihn zum würdigen Sieger!

1 Bringen Sie Ihren Hund zunächst in die Sitzposition.
2 Sagen Sie 'bleib'. 3 Treten Sie einen Schritt zurück.
4 Belohnen Sie ihn nach wenigen Sekunden und

entlassen ihn aus dem Sitz. Wiederholen Sie die Übung und verlängern Sie allmählich die Zeit bis zur Belohnung. Versuchen Sie, es bis zu einer ganzen Minute zu schaffen.

Wenn es falsch läuft – Sitz & Bleib

Ob man einen Hund fürs Lernen des Bleib anbinden soll? Das mag wie eine trügerische Abkürzung klingen, aber für einen Hund, der noch nicht verstanden hat, dass 'Sitz-bleib' 'beweg dich nicht' bedeutet, kann es eine Hilfe sein. Versuchen Sie es mit Anbinden an einen Baum oder stabilen Pfosten and verlängern Sie allmählich den Zeitraum des Bleibens, wobei Sie jeden Fortschritt belohnen. Wenn Ihr Hund aufspringt, sobald Sie weggehen, gehen Sie sofort zu ihm zurück und wiederholen das Kommando, belohnen ihn aber nicht. Gehen Sie beim nächsten Mal weniger weit und kürzer weg. Belohnen Sie nur erfolgreiche Versuche, die einzige 'Strafe' für Fehlversuche ist die ausbleibende Belohnung.

Was Sie nicht tun sollten

Es gibt einen Weg, wie man Hunden das Sitz nicht beibringt, nämlich mit Ziehen an Halsband oder Leine nach oben und gleichzeitigem Herunterdrücken des Hinterteils nach unten. Das ist die alte Zwangsmethode, die dem armen Hund Angst vor Ihren Händen beibringen kann und ihm jeden Spaß verleidet. Tun Sie es nicht!

'Hier'

Wenn Ihr Hund das Kommen nicht schon im Welpenalter gelernt hat (s.S. 69), müssen Sie nun eventuell etwas strukturierter vorgehen. Wenn er gerne wegläuft, machen Sie Ihre ersten Versuche in ausbruchssicheren Gelände wie zum Beispiel in einem umzäunten Garten.

1 Befehlen Sie 'Sitz-Bleib' und treten ein paar Schritte zurück. 2 Verbinden Sie dann das Kommando 'Hier' mit ausgebreiteten Armen und seinem Namen – 'Rover, hier!' (Es ist immer gut, Kommandos mit dem Namen zu verbinden.) Die Chancen, dass er kommt, stehen nun gut, besonders, wenn Sie Leckerchen dabeihaben. 3 Locken Sie ihn mit dem Rascheln einer Futtertüte oder einem Spielzeug und belohnen ihn, wenn er kommt und sich hinsetzt.

'Hier' an der langen Leine

Manche Hunde tun sich etwas schwer mit dem Rückruf. Arbeiten Sie dann auf einem umzäunten Gelände, wo Sie auf Gehorsam bestehen, diesen aber weiter belohnen können. Oder nehmen Sie den Hund an die lange Leine.

1 Rufen Sie den angeleinten Hund aus der Sitz-Bleib-Position zu sich. 2 Clicken Sie (falls Sie mit Clickertraining arbeiten) fürs Kommen …
3 … und belohnen ihn, wenn er angekommen ist.

Wenn es schiefläuft – 'Hier'

Manchen Hunden ist ihre Freiheit wichtiger als menschliche Gesellschaft und sie rennen weg. Arbeiten Sie dann mit sehr begehrten Futterbelohnungen und passen Sie den Moment ab, in dem der Hund auf Sie zukommt: Sagen Sie 'Hier' und belohnen. In schwierigen Fällen benutze ich manchmal ein Sprühhalsband zum Unterbrechen.

Wenn es schiefläuft – Bei Fuß

Viele Hunde gehen gut bei Fuß, so lange es keine Ablenkungen gibt, aber ziehen nach vorn, wenn sie eine Katze, ein Eichhörnchen oder andere Hunde sehen. Anstelle den Hund durch Leinenrucke bei sich behalten zu wollen, empfehle ich die Locktechnik: Halten Sie ein Leckerchen so, dass Sie damit seine Aufmerksamkeit gewinnen und ihn neben sich behalten können, während Sie weiter vorwärts gehen. Bleiben Sie ab und zu stehen, lassen Sie ihn sitzen und belohnen ihn. Es waren kräftige Hunde wie Charlie, die mich zur Erfindung des Haltis inspiriert haben. Es bietet eine gute vorübergehende Lösung, während man an einer längerfristigen Trainingsstrategie arbeitet.

'Bei Fuß'

Vielleicht haben Sie es auch schon bemerkt: Sie gehen, aber Ihr Hund läuft lieber! Es muss für Hunde wirklich schwierig sein, sich auf unsere 3–5 km pro Stunde zu verlangsamen, wo doch ihre natürliche Laufgeschwindigkeit eher bei 15–30 km liegt. Meistens bleibt ihnen aber nichts anderes übrig, und das auch noch an der Leine.

• Am einfachsten trainieren Sie das Gehen bei Fuß mit einem Clicker: Clicken und belohnen Sie, wenn er z.B. in einem Umkreis von 1-2 m bei Ihnen bleibt.

• Nach und nach belohnen Sie nur noch dichteres bei Fuß, bis er sich von selbst neben Ihr Knie begibt und an Ihrer Seite geradeaus mit Ihnen mitläuft.

• Das gleiche Ergebnis können Sie auch erzielen, wenn Sie den Welpen an loser, 2 m langer Leine trainieren. Er kann sich etwas freier bewegen, aber lernt, dass er nur dann belohnt wird, wenn er innerhalb des engen 'Zielgebietes' dicht bei Ihnen bleibt.

Fallbeispiel: **Humphrey, der Leinenzieher**

Manche Hunde lassen sich mit auch noch so viel belohnungsbasiertem Training nicht vom Ziehen abbringen. Humphrey ist ein solcher Hund – er wird zum Zugpferd, sobald er Spannung auf der Leine spürt. Bei einem hartnäckigen Zieher wie ihm besteht eine Möglichkeit darin, eine längere, mindestens 2 m lange Leine oder auch eine Flexileine zu benutzen. Lassen Sie den Hund vor- und aus dem gewünschten Nahbereich

herausgehen und drehen sich dann in die andere Richtung, sodass er Ihnen folgen muss, anstatt vorzugehen. Nach einigen Wiederholungen wird er (hoffentlich) gelernt haben, dass der schnellste Weg von A nach B darin besteht, nicht zu ziehen. Mit etwas Geschick können Sie auch mit dem Sperrknopf der Flexileine ein Klickgeräusch machen, das als guter Ersatz für das Kommando 'Bei Fuß' dienen kann.

Vielleicht sind Sie der Meinung, dass Training nur in der Hundeschule stattfindet und dass das, was zwischendurch passiert, keine Rolle spielt. Tatsächlich bieten Ihnen jeder Moment und jede Aktivität eine Gelegenheit zum Trainieren Ihres

Hundes – und dem Hund auch Gelegenheiten zum Lernen von Dingen, die er lieber nicht lernen sollte.

Konsequenz ist der Schlüssel zur Erziehung junger Hunde, aber mit dem Älterwerden werden

Ein Halti anpassen

Die erste Halti-Erfahrung muss für einen Hund angenehm sein, um das seltsame Gefühl eines Halfters um den Kopf zu kompensieren.

1 Reichen Sie ein sehr schmackhaftes Leckerchen durch das Halti hindurch.
2 Geben Sie es ihm, während Sie das Halti über die Nase streifen.
3 Geben Sie weitere Leckerchen, stellen Sie dann den Genickriemen ein und schließen die Schnalle.
4 Haken Sie die Sicherheitsverbindung in den Ring des Halsbands ein und überpürfen Sie, dass das Nasenband weit genug von den Augen weg sitzt. Mehr Leckerchen! Haken Sie eine leichte Leine in das Halti ein und gehen Sie langsam los, wobei Sie weitere Leckerchen geben und ihn für seine Toleranz loben.

Ein Geschirr mit Brustring anpassen

Konstruktionen wie das Halti-Geschirr oder das Easy Walk sind eine weitere gute Methode, einen Hund vom Ziehen abzubringen und werden oft besser akzpetiert als Haltis.

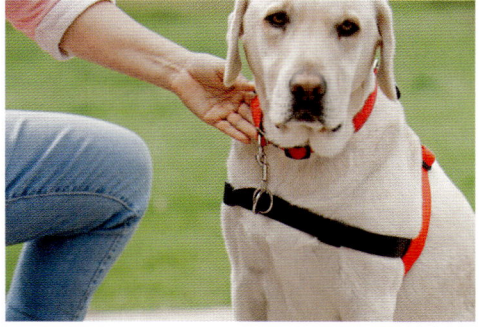

1 Streifen Sie das Geschirr über den Kopf und stellen Sie die Riemen passend ein. 2 Schließen Sie den Bauchgurt so, dass er fest, aber nicht zu eng sitzt. 3 Verbinden Sie den Brustriemen mit dem Halsband, sodass er nicht auf die Beine herunterrutscht und beim Gehen stört. 4 Haken Sie eine Leine mit zwei Karabinern am Rücken und an der Brust ein, um eine präzisere Lenkmöglichkeit des Hundes zu bekommen.

sie auch fähig, mit veränderten oder sogar ins Gegenteil verkehrten Regeln umzugehen. Es ist wirklich bemerkenswert, dass nicht mehr Hunde verwirrt und neurotisch werden. Sie sind gut in der Lage, unsere Absichten aus dem Kontext unseres Verhaltens herauszulesen und zu ahnen, was wir von ihnen wollen. So kann eine einladend ausholende Handgeste neben einer Autotür 'spring rein' bedeuten, während die gleiche Geste auf einer Wiese 'hol den Ball' meinen kann. Hunde lernen sehr schnell, die Feinheiten unserer Gesten und Kommandos zu verstehen.

Hilfsmittel gegen das Leinenziehen

Das Halti, ein Kopfhalfter für Hunde, ist meine Erfindung und von meinem lebenslangen Umgang mit Pferden inspiriert. Ich verkleinerte einfach Halfter der Art, wie sie seit Jahrtausenden für Pferde, Rinder, Kamele und Lamas benutzt werden und veränderte die Konstruktion so, dass sie bequem an einen Hundekopf passt. Wie alle Kopfhalfter funktioniert es nach dem Prinzip: Wenn Sie den Kopf lenken, muss der Rest des Körpers folgen. Kopfhalfter haben die Chancen körperlich schwächerer Besitzer zum Führen kräftiger Hunde revolutioniert. Es sind keine harschen Leinenrucke nötig und der Hund lernt schnell, dass Spaziergänge am entspanntesten sind, wenn die Leine locker durchhängt. Heute gibt es verschiedene Modelle von Kopfhalftern für Hunde und die meisten wirken gut gegen das Ziehen. Ich bleibe aber dabei, dass sie als vorübergehende Trainingshilfe benutzt werden sollten und nicht als Dauerlösung. Wenn Ihr Hund das Halti trägt, wenden Sie die zuvor beschriebenen Clickerprinzipien an, damit er lernt, dass der beste Platz dicht an Ihrer Seite ist.

Unsinnig und gefährlich: Stachel- und Würgehalsbänder

Es wurde schon so einiges erfunden, um Hunde am Ziehen zu hindern. Manche Dinge sind harmlos und wirksam, aber manche auch grausam in ihrer Wirkung. Stachelhalsbänder mit scharfen, nach innen weisenden Spitzen, die in den empfindlichen Hals drücken und so den Hund am Ziehen hindern, sind in manchen Ländern immer noch populär. Sie können Verletzungen verursachen und untergraben das Vertrauen, das für einen gemeinsamen Spaziergang zwischen Mensch und Hund bestehen sollte. Ähnlich schrecklich ist das Würgehalsband, das sich wie eine Schlinge um den Hals des Hundes zuzieht und trotz seiner Tierschutzrelevanz leider immer noch von vielen Trainern benutzt wird. Gedacht ist es so, dass der Trainer ein paar wenige scharfe Leinenrucke damit ausführt und der entstehende Schmerz den Hund zum Nichtziehen konditioniert. Das Problem ist aber, dass Würgehalsbänder ohne 'Bedienungsanleitung' frei verkauft werden und die meisten Besitzer weder Mut noch Geschick für die ersten schmerzhaften Rucke haben, sodass der Hund weiterzieht und sich die Luft abschnürt. In Ohnmacht fallende Hunde und verletzte Luftröhren sind die Folge. Würgehalsbander sollten nicht frei verkäuflich sein dürfen!

Geschirre

Geschirre verteilen die Kraft über größere Teile des Hundekörpers, anstatt sie nur auf den Hals zu konzentrieren. Viele fördern das Ziehen, wie für Schlitten- oder Blindenführhunde, andere Konstruktionen sollten das Ziehen aber verringern oder sogar ganz verhindern. Es gibt zwei Typen von Anti-Zug-Geschirren: Solche, die einschnüren oder Schmerzen verursachen, wenn der Hund zieht, und solche, die als Steuerungshilfe dienen, weil der Ring zum Einhaken der Leine und damit der Lenkpunkt sich vorn an der Hundebrust befinden.

Ich bevorzuge die Geschirre mit Brustring. Sie können sie zusammen mit einem Halsband und einer doppelten Leine verwenden und damit den

Spiel hat zwei Elemente: Ein auf andere Hunde oder Menschen gerichtetes (Sozialspiel) und ein auf Spielsachen bezogenes (Objektspiel). Manchmal überschneiden sie sich, wenn der Hund Sie auffordert, ihm und seinem gerade gefundenen Spielzeug nachzulaufen oder sich die Rollen umdrehen und Sie das Spielzeug erobern.

Hat Ihr Hund gelernt, eine Socke oder einen anderen Gegenstand in einem Karton zu finden, machen Sie die Aufgabe schwieriger, indem Sie den Karton in einen weiteren Karton stecken und dann in noch einen – wie bei einer russischen Holzpuppe.

Hund entweder über die Brust oder den Hals lenken. Dies kann ein sanfter, aber zuverlässiger Weg sein, um Kontrolle über einen stürmischen, ignorant ziehenden Hund zu bekommen.

Richtiges Spielen

Spielen dient bei Mensch und Tier zur Übung der lebensnotwendigen Fähigkeiten. Dass Ihr Hund spielen möchte, ist ein Gradmesser für sein Wohlbefinden: Er ist gut gelaunt, was Sie als Kompliment auffassen können. Spielen ist eine der größten Motivationen und Belohnungen für einen Hund, was Sie unbedingt fördern sollten. Wenn Sie keine Lust haben, mit ihm zu spielen,

wenn sie zu klein für Ihren Hund sind und er sie verschlucken kann. Prüfen Sie Spielsachen auf ihre Stabilität und beobachten Sie Ihren Hund immer, wenn er mit etwas Neuem spielt. Wenn er lose, möglicherweise gefährliche Teile davon abbeißt, werfen Sie es fort. Die besten Spiele sind die, die sowohl Körper als auch Geist fordern. Sucharbeit ist ein Beispiel dafür, aber auch soziale oder interaktive Spiele.

Nasenarbeit

Hunde haben, wie wir wissen, einen bemerkenswerten Geruchssinn, den wir sowohl im Spiel als auch im Ernst nutzen

'Spielen ist eine der größten Belohnungen.'

sollten Sie vielleicht lieber Topfpflanzen halten anstatt dieses empfindsamen Wesens. Spiele mit Ihrem Hund sind so lange in Ordnung, wie Sie die Regeln diktieren können. Vielleicht lassen Sie Ihren Hund erst kommen, sitzen und Pfote geben, bevor Sie ihm den Ball werfen. Bei Zerrspielen bestimmen Sie, wann der 'Kampf' vorbei ist und der Hund muss Ihnen das Spielzeug am Ende geben.

Im Fachhandel gibt es eine fantastische Auswahl an Hundespielzeugen. Die meisten sind toll, aber manche können auch gefährlich sein,

können. Beginnen Sie mit dem Verstecken eines Gegenstandes mit Ihrem Geruch (z.B. einer getragenen Socke) an einem einfachen Ort wie etwa unter dem Teppich und belohnen Sie den Hund, wenn er ihn darunter hervorzieht und zu Ihnen bringt. Machen Sie es dann schwieriger: Zum Beispiel ein zusammengerolltes Grasknäuel, das Sie auf eine Wiese werfen. Machen Sie den Ball kleiner und den Suchbereich größer, damit der Hund seine Nase einsetzen muss, um ihn zu finden. Die Belohnung für das Finden kann alles Mögliche sein – ein Spiel mit dem

Lieblingsspielzeug, eine Runde Seilzerren mit Ihnen oder alles, was ihm Spaß macht und seine Motivation zum Suchen erhält.

Fährten

Das Verfolgen einer Geruchsfährte ist eine weitere einfache und spaßige Aufgabe für Ihren Hund. Lassen Sie anfangs jemand aus der Familie weggehen und sich vor den Augen des Hundes hinter einem Baum oder Busch verstecken. Schicken Sie dann den Hund zum 'Suchen' los. Belohnen Sie ihn oder lassen Sie das die Person tun, die er gefunden hat. Machen Sie dann Entfernung und Gelände langsam schwieriger, damit der Hund Nase, Augen und Ohren einsetzen muss, um die vermisste Person zu finden.

Fährten und Nasenarbeit sind längst nichts mehr nur für Profis, sondern zu einem beliebten Hundesport geworden. Manchmal kann ein trainierter Suchhund Ihnen sogar helfen, wenn Sie zum Beispiel, wie es mir oft passiert, den Schlüsselbund, das Handy oder die Geldbörse verloren haben. Trainieren Sie Ihren Hund vorab, indem Sie ihm Ihr Handy (oder Ihre Schlüssel oder was immer Sie öfter verlieren) zeigen, sagen Sie 'Handy' und verstecken es in einem anderen

Raum. Sagen Sie 'Such das Handy' und belohnen ihn fürs Finden. Wiederholen Sie die Übung einige Male und Ihr Hund wird ein wirklich nützlicher Objektsucher!

Ich kannte einmal einen Collie, der über 90 Gegenstände unterscheiden konnte und so zum Suchen eines ganz bestimmten Spielzeugs losgeschickt werden konnte. Leider kann unser Labrador Bounce nur sechs verschiedene Gegenstände – ob das sein Fehler ist oder meiner?

Interaktive Spiele

Spielen sollte nicht nur den Körper des Hundes ansprechen, sondern auch seine geistigen Problemlösungsfähigkeiten fördern. Ein englischer Lord namens Lubbock hatte einst seinen Pudel Van dazu trainiert, recht komplexe Worte und Symbole mit bestimmten Belohnungen zu assoziieren. Wenn Van Hunger hatte, brachte er spontan die ausgeschnittenen Worte 'fütter mich' zu seinem Herrn. Unsere Hunde bringen uns nur ihre Näpfe!

Ein anderer berühmter schlauer Hund war Fellow, der Jacob Herbert aus Detroit gehörte. Jacob hatte immer so mit seinem Hund gesprochen, als ob er ein Kind wäre und Fellow reagierte akkurat auf Kommandos wie

Dieses verzwickte Futtersuchspiel ist eine prima Möglichkeit, die kognitiven Fähigkeiten Ihres Hundes zu testen. Wenn er herausfindet, welche Abdeckung er drücken oder zur Seite schieben muss, kommt er an die darunter versteckte Futterbelohnung.

Toter Hund! Dieser Trick geht am einfachsten, wenn der Hund sich schon für eine Belohnung hinlegt. 1 'Zielen' Sie mit Ihren Fingern auf ihn, wenn er sitzt. 2 Sobald er sich hinlegt, clicken Sie. 3 Bauen Sie den Trick aus, indem Sie ihn mit Futter zum Herumrollen über den Rücken locken, clicken und wieder belohnen.

'Schau zu dem Eichhörnchen hoch' oder 'Geh meine Handschuhe holen.' Dies bewies, dass Fellow nicht nur Wörter verstehen konnte, sondern auch ganze Gruppen interessanter Wörter erinnern konnte und sie dem passenden grammatikalischen Kontext zuordnete.

Intelligenzspiele

Es gibt eine ganze Menge Spiele, die Sie mit ein bisschen Fantasie dafür nutzen können, Gedächtnis und kognitive Fähigkeiten Ihres Hundes zu testen. Sie können zum Beispiel ein Leckerchen unter einem von drei Bechern verstecken und diese verschieben, während Ihr Hund zuschaut. Findet er den 'richtigen' Becher sofort? Oder Sie können sein Farbensehen testen, indem Sie den mit einem blauen oder gelben Punkt markierten Becher belohnen. Oder Sie testen seine Formenunterscheidung, indem Sie die Becher zu Kreisen oder Dreiecken stellen. Die schwedische Trainerin Nina Ottosson hat sogar 'Brettspiele' erfunden, bei denen Hunde Nase, Pfoten und Gedächtnis einsetzen müssen, um an ein Leckerchen zu kommen.

Tricktraining

Hunde lieben es, Tricks wie 'gib Pfote', 'toter Hund', 'Rolle' und so weiter zu zeigen und können sie in jedem Alter lernen. Am besten lassen sie sich mit Clickertraining einüben.

Fazit

Eine ganze Zeitlang geriet Hundetraining wegen rüder Methoden und schmerzhafter Hilfsmittel wie Elektroschocker, Stachel- oder Würgehalsbänder in schlechtes Licht. Heute wissen wir, dass nichts von alldem nötig ist. Mit dem Rascheln einer Futtertüte, einer freundlichen Stimme, einem Spielzeug und dem Wegnehmen von etwas Begehrtem oder dem 'Schsch-Geräusch' als einziger Strafe lassen sich viel bessere Ergebnisse erreichen. Der wichtigste Teil des Trainings findet bei Ihnen zuhause statt, aber wenn Sie gern Gesellschaft mögen, wird Ihr Hund auch von den anderen Hunden in einer Hundeschule profitieren. Und Sie können sich mit den anderen Besitzern genau wie stolze Eltern nach dem Kindergarten darüber unterhalten, was Ihr Hund schon alles kann!

Bulldogs haben eine besondere Schwäche für alles, das Räder hat. Fördern Sie diese Eigenart, anstatt dagegen anzugehen – vielleicht wird aus Ihrem Hund bald auch so ein talentierter Skateboarder!

5 Warum macht er das?

Herausforderungen im Training

Warum macht er das?

Lästige Angewohnheiten und wie man sie kontrollieren kann:
Anspringen, Markieren, Futterstehlen und andere. Einsatz von
Belohnung und Strafe, Gegenkonditionierung und Training von
Ersatzreaktionen.

Im vorigen Kapitel ging es um den
Grundgehorsam und wie Sie Ihren Hund zu
seinem eigenen Schutz in einer Welt voller
Gefahren unter Kontrolle halten können. Dieses
Kapitel zeigt Ihnen, wie Sie ihn von 'schlechten
Manieren' abbringen. Es ist verständich, wenn
Sie möchten, dass Ihr Hund nicht ist wie alle
anderen, aber auf manche Spleens können Sie
bestimmt verzichten: Heulen wie am Spieß
beim Autofahren, sich fleißig mit Sofakissen
paaren, Urinmarken an antike Möbel setzen oder
mit Matschpfoten jemanden anspringen, der
ausgerechnet kein Hundefreund ist.

Gegenkonditionieren

Der Umgang mit solchen Herausforderungen
des Hundeverhaltens wurde meist als
'Korrekturtraining' bezeichnet und konzentrierte
sich auf das Zufügen von Unannehmlichkeiten
oder gar Schmerzen, um die sogenannten
Fehlverhalten zu korrigieren. Dabei kann man
die meisten gut mit Köpfchen anstelle Gewalt,
mit Gegenkonditionierung oder Trainieren von
Ersatzreaktionen angehen. Damit schafft man
neue und erwünschte Reaktionen, die mit den
unerwünschten konkurrieren oder sie sogar ganz
ersetzen.

'Viele Besitzer bringen ihren Hunden das Anspringen unabsichtlich bei, weil sie nicht weit genug gedacht haben.'

Das Anspringen ist ein
klassischer Kandidat
für das Trainieren einer
Ersatzhandlung: 'Sitz!'
wird zur Alternative
für das unerwünschte
Verhalten. Ihr Hund
soll Sie und andere
freundlich begrüßen,
aber wenn er
hochspringt, drehen Sie
sich weg, sodass er ins
Leere springt und sagen
'Sitz!'. Begrüßen Sie ihn
erst dann, wenn er sitzt.

Genau wie gute Eltern dem Verhalten ihrer
Kinder Grenzen setzen, indem sie Strafen wie
Ausgeh- oder Internetsperre verhängen oder
das Taschengeld streichen, so können auch
Hundebesitzer Sanktionen als Strafe für manche
inakzeptable Verhalten verhängen. Wer liebt,
muss auch manchmal hart sein! Wir haben alle
unterschiedliche Erwartungen und Ansprüche
an unsere Hunde, und was ich toleriere, finden
Sie vielleicht unerträglich. So macht es mir
zum Beispiel nichts aus, dass meine Hunde
auf der Farm den Dung anderer Tiere fressen,
verbiete ihnen aber, an den Kot von Füchsen

oder anderen Hunden zu gehen. Sie möchten vielleicht, dass Ihr Hund keins von beidem tut. Das Ergebnis ist Unsicherheit darüber, was für Sie und Ihren Hund relevant ist und was nicht. Keins der hier besprochenen Dinge verdient die Bezeichnung Verhaltensproblem – es sind einfach nur normale Verhaltensweisen von Hunden, auf die wir lieber verzichten würden.

Anspringen

Vielleicht fühlen Sie sich geschmeichelt, wenn ein Welpe Sie anspringt und von Ihnen gestreichelt werden möchte. Vielleicht leckt er Ihnen sogar das Gesicht. Aber der Welpe, der jetzt nur bis auf Kniehöhe springen kann, wächst schnell zu einem großen Hund heran, der Sie von oben bis unten mit matschigen Pfotenabdrücken bedecken kann. Schlimmer als das ist aber, dass hochspringende Hunde eine echte Verletzungsgefahr für alte Menchen sein können, die nicht mehr so fest auf ihren Füßen stehen und sich beim Hinfallen leicht etwas brechen. Alles in allem bringen viele Besitzer ihren Hunden das Anspringen unabsichtlich bei, weil sie es zunächst niedlich finden und nicht an die weiteren Konsequenzen denken oder weil sie ihrem Hund kein Alternativverhalten zur Begrüßung von Menschen beigebracht haben.

Strafen

Sie haben also eine belohnte Alternative zum Anspringen etabliert. Was könnte nun die Strafe dafür sein, dass Ihr Hund trotzdem weiterhin mit Karacho gegen Menschen rennt, die er begrüßen möchte?

Wenn die leichte Strafe des Wegdrehens und ihn ins Leere springen lassen nicht ausreicht, wäre die nächste, stärkere Stufe, einen krachmachenden Gegenstand wie eine Rappeldose (s.S. 58) neben ihm fallen zu lassen. Dazu muss Ihr Timing gut sein, was bedeutet, dass Sie die Rappeldose vorbereitet haben

Gewaltanwendung unnötig

Interessehalber habe ich einmal meine große Sammlung älterer Bücher zum Hundetraining abgestaubt und nachgeschlagen, was gegen das Anspringen empfohlen wird. Hier eine Auswahl:

• das Knie in den Hundebauch rammen
• auf seine Hinterpfoten treten
• seine Vorderpfoten kneifen
• Pfefferspray benutzen
• am Würgehalsband rucken
• Elektrohalsband einsetzen

Diese Foltermethoden stammen alle aus Büchern, die in den letzten 20 Jahren geschrieben wurden. Leider haben deren Autoren nicht erkannt, warum Hunde uns so gern anspringen: Sie versuchen exakt das Gleiche zu tun wie bei der Begegnung mit anderen Hunden, nämlich Kopf und Hinterteil beschnüffeln und die Lefzen lecken – die hündische Entsprechung eines Händedrucks oder einer herzlichen Umarmung.

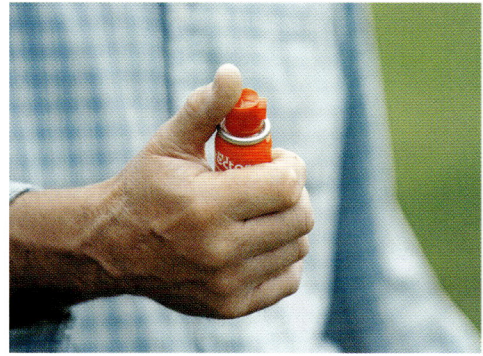

Der Pet Corrector ist eine Möglichkeit, die natürliche Abneigung von Hunden gegen Zischgeräusche effektiv für unser Trainingsprogramm zu nutzen.

Für Hunde sind Begrüßungsrituale wichtig: Kontakt und Ablecken nach einer Zeit der Trennung sind für sie unverzichtbar, um eine Beziehung aufrecht zu erhalten. 1 Nehmen Sie sich die Zeit, ein verlässliches 'Sitz' auf Handzeichen zu trainieren. 2 Folgt Ihr Hund, belohnen Sie ihn mit Futter oder Spielzeug und lassen ihn an Ihren Händen schnüffeln und lecken.

Flecken und Gerüche loswerden

Die Entfernung all der komplexen, im Hundeurin enthaltenen chemischen Verbindungen ist eine Herausforderung für jeden Haushaltsreiniger. Am besten geeignet sind solche mit biologischer Wirkungsweise, die Enzyme oder Ammoniak vertilgende Mikroben enthalten. Wischen Sie mit Alkohol (Spiritus) nach, um Fettrückstände zu entfernen, die das normale Putzmittel nicht schafft. Der Geruch von Urinflecken kann schlimm sein, weil sie gasbildende Bakterien beherbergen. Unter dem Namen Biotrol gibt es in England ungiftige Reinigungsprodukte mit antimikrobieller Wirkung, die meiner Erfahrung nach sehr gut Hundeuringeruch entfernen.

müssen. Geben Sie dann wieder den Sitz-Befehl.

Für manche Hunde ist das Klappern von ein paar Steinchen in einer Dose nicht abschreckend genug: vielleicht heben sie die Dose sogar auf und möchten damit spielen. Für solche Kandidaten haben wir das Zischgeräusch eines Pet Correctors (s. S. 89).

Urinmarkierungen

Hunde markieren ihr Revier mit Urin und 'lesen' daraus, wer vorbeigekommen ist und wann. Anhand der Zusammensetzung des Urins können sie Rüden von Hündinnen, und kastrierte von unkastrierten Hunden unterscheiden und feststellen, in welchem Stadium der Läufigkeit sich eine Hündin befindet. Die Häufigkeit des Markierens nimmt dramatisch zu, wenn irgendwo eine Hündin läufig ist – Rüden können ihren Duft auf dem freien Land bis zu 20 km weit wahrnehmen. Bislang hat noch niemand untersucht, ob Stadthunde eine Geruchsquelle genauso gut orten können wie ihre Kollegen auf dem Land, aber es wäre für sie auch ein gefährliches

Der Pet Corrector

Dieses praktische Gerät setzt mit Gasantrieb einen plötzlichen Luftstoß mit Mix aus hoch- und tieffrequenten Zischgeräuschen frei. Zielen Sie immer weg vom Hund, wenn Sie es benutzen. Hunde reagieren sehr unterschiedlich auf den Pet Corrector: Manche bekommen Angst, dann sollten Sie ihn nicht benutzen. Das andere Extrem sind Hunde, die fast gar nicht darauf reagieren – als ob sie taub wären (manche sind vielleicht in der Tat taub gegenüber hochfrequenten Geräuschen). Etwa 90% aller Hunde reagieren aber auf das Zischen als gutartiges 'Nein' - Signal, eine kleinere Strafe, die man vermeidet. Vermutlich müssen Sie den Corrector nur zwei der drei Mal einsetzen. Danach reicht es meist, ihn dem Hund zu zeigen, um ihn etwa am Anspringen zu hindern. Danach sagen Sie 'Sitz'.

Unterfangen, dem Duft einer läufigen Hündin quer durch eine Großstadt zu folgen.

Wie oft Rüden markieren, wird auch von Hormonen gesteuert, insbesondere von Testosteron. Eine Kastration verringert den Drang zum Markieren deutlich, eliminiert ihn aber nicht ganz. Kastrierte Rüden werden also immer noch gegen Straßenlampen oder vielleicht leider auch das Sofa eines Freundes markieren. Was kann man dagegen tun?

'Den Hund von Bäumen oder Laternenpfosten wegzuzerren ist unfair.'

Bedenken Sie dazu die Verhaltensökologie des Markierens. Gehen Sie mit Ihrem Hund auf definierten Routen spazieren und erlauben ihm, die Markierungen anderer Hunde zu beschnüffeln und seine eigenen darüberzusetzen. Viele Besitzer versuchen, ihren Hund von Bäumen oder Straßenlampenpfosten wegzuzerren, aber das ist unfair, weil der Urin für ihn wichtige Informationen enthält. Stattdessen könnten Sie ihn sogar dafür loben, seine Markierungen über die von anderen Hunden draußen hinterlassenen Nachrichten zu setzen und damit die Wahrscheinlichkeit verringern, dass er im Haus markiert.

Zuhause können Sie eine klare Unterscheidung zwischen Markieren drinnen (verboten) und draußen (absolut in Ordnung) treffen. Leider schaffen manche Hunde diese Unterscheidung nicht – vielleicht, weil sie sich im Haus unsicher fühlen und den Geruch anderer Hunde, die dort zu Besuch waren, wahrgenommen haben. Wenn das passiert, lassen Sie am besten keine fremden Hunde mehr ins Haus, sondern nur

Hunde markieren oft deshalb im Haus, weil sie sich dort unsicher fühlen. In diesem Fall sollten Sie keine fremden Hunde ins Haus lassen, die ihren Duft dort hinterlassen.

Den Hund auf seinen Platz zu schicken kann eine nützliche Taktik für viele Situationen sein, z.B. wenn Sie sein Futter vorbereiten oder Besuch empfangen.

Füttern Sie nicht vom Tisch: Damit bringen Sie den Hund auf die Idee, dass Ihr Essen auch für ihn da ist und er es sich nehmen kann.

Bringen Sie ihm mit Clickertraining, einem aversiven Reiz und einem Handsignal bei, Ihr Essen in Ruhe zu lassen. Belohnen Sie ihn dann mit einem Hundeleckerchen.

noch in den Garten. In Haushalten mit mehreren Hunden unterschiedlichen Geschlechts ist die Wahrscheinlichkeit höher, dass ein Rüde markiert, besonders, wenn eine Hündin läufig ist. Eine Kastration von Rüde oder Hündin kann hier der Ausweg sein.

Essen stehlen

Die meisten Hunde haben tatsächlich einen moralischen Sinn dafür, was 'richtig' und 'falsch' ist. Leider gibt es aber auch Ausnahmen von der Regel und manche Hunde stehlen ohne jedes Anzeichen von Schuld oder Reue Essen vom Tisch. Wie bringt man einem Hund Moral bei? Erste Priorität hat, dass er den Unterschied zwischen Essen für Menschen und Essen für Hunde lernt. Eigentlich sollte er das schon als Welpe gelernt haben, aber falls nicht, ist es auch jetzt noch nicht zu spät dafür. Füttern Sie ihn nie vom Tisch mit Essensresten oder Knabberkram. Falls Sie Kinder haben, bringen Sie ihnen bei, keine Chips- oder Popcorntüten irgendwo fallen oder liegen zu lassen, wo der Hund sie stehlen kann. Lassen Sie die gute alte Tradition wieder aufleben, dass die Familie zum Essen am Tisch zusammensitzt und lenken Sie den Hund solange mit einer anderen Beschäftigung ab, wie zum

Beispiel einem Kauknochen oder mit Futter gefülltem Kong.

Das Essensstehlen ist ein perfektes Trainingsmodell für das Lernen durch Belohnung und Strafe: Auf der Belohnungsseite können Sie zum Beispiel die Prinzipien des Clickertrainings dazu anwenden, den Hund fürs Nichtstehlen zu belohnen. Stellen Sie einen Teller mit Resten Ihres Essens auf eine gut zugängliche Oberfläche und clicken und belohnen, wenn Ihr Hund ihn in Ruhe lässt. Aber achten Sie darauf, mit einem Hundeleckerchen und nicht den Essensresten zu belohnen!

Halten Sie sich andererseits bereit, mit einem strengen 'Nein!' zu intervenieren oder ihm mit einem aversiven Reiz wie der Rappeldose, dem Pet Corrector oder einem zwischen den Zähnen hindurch gezischten 'Schsch' aufzulauern, wenn er zu der kriminellen Handlung ansetzt.

Von meinen Kunden habe ich so manche fantastische Geschichte gehört, wie deren Hunde riesige Mengen geklauten Essens wie den Sonntagsbraten oder Weihnachtstruthahn verdrückt haben. Oder sie fanden beim Heimkommen eine offene Kühlschranktür, überall verstreute Essenspackungen und -reste und einen sehr vollgefressenen Hund vor. Ein kleiner Moment der Ablenkung durch Türklingel oder Telefon und Rover saust los, um den Tisch abzuräumen: In einer solchen Situation dürfen Sie den Hund weder 'beschuldigen' noch direkt bestrafen. Das Futter zu bekommen war für ihn extrem belohnend, weshalb eine Strafe außerhalb des Kontexts nicht wirken wird – schlimmer noch, sie wird sein Vertrauen in Sie zerstören.

Sex

Ich vermute, dass Hunde am Sex genauso viel Spaß haben wie wir, aber die meisten Besitzer mögen es nicht, wenn sie sich zu sehr in ein Sofakissen oder jemandes Bein verlieben. Beim Rüden kann eine Kastration helfen und bei einer Hündin ist zu überprüfen, ob die abweichende Sexualität zum Stadium ihres Zyklus passt. Falls ja und sie immer dann übermäßig lustvoll wird, kurz bevor sie heiß wird, kann das dafür sprechen, dass noch andere medizinische Gründe für eine Kastration vorliegen.

Was aber, wenn das Verhalten auch nach der Kastration weiter besteht? Hunde haben die gleichen Lustzentren an ihren Geschlechtsorganen wie wir, und das angenehme Gefühl der Stimulation von Penis oder Klitoris verschwindet nicht unbedingt einfach deshalb, weil die Hormone verändert wurden. Das Aufreiten ist auch ein normaler Bestandteil des Spielverhaltens bei Junghunden und bleibt selbst bei kastrierten Rüden bis ins Erwachsenenalter bestehen – sie können sich sogar erfolgreich mit läufigen Hündinnen paaren. Unser kastrierter Labrador Ben hat sogar einmal versucht, ein Lamm zu decken! Wie können wir Hunde also davon abbringen, Sex mit Menschenbeinen, Sofakissen oder gar anderen Tieren zu haben? Schaffen Sie als erstes die Versuchung aus dem Weg: Räumen Sie die Kissen weg und lenken Sie ihn in dem Moment, in dem Sie verräterische Anzeichen für amouröse Gelüste entdecken, mit anderen Aktivitäten ab wie Suchen nach Futter oder Leeren eines Kongs ab. Dabei müssen Sie konsequent sein und ihm nicht heute das Rammeln verbieten und es morgen erlauben. Alles oder nichts! Die Strafe für unerwünschten

Sich in etwas Stinkendem zu wälzen ist ein Verhalten, das noch aus der Zeit stammt, als das Überlisten eines Feindes eine wichtige Überlebenstaktik war. Genau wie menschliche Jäger sich in Tarnfarben kleiden oder sogar Tiergeruch anwenden, um nicht entdeckt zu werden, sucht sich auch der Hund eine geruchliche Tarnung. Selbst die anschließende kalte Dusche aus dem Gartenschlauch kann ihm nicht davon abhalten, es wieder zu tun.

Sex muss sofort kommen und für den Hund einzuordnen sein. Idealerweise fassen Sie ihn dabei nicht an, denn damit würden Sie nur das Verhalten bestärken, das Sie unterdrücken möchten. Eine überraschende 'Fernkorrektur' wie ein Wasserstrahl oder ein Zischgeräusch sind besser geeignet.

Wälzen in Unrat

Wir alle kennen es: Bei einem Spaziergang im Wald findet der Hund eine Stelle, die seine Aufmerksamkeit länger als gewöhnlich fesselt. Seine Augen werden glasig und dann wälzt er sich in etwas ganz Furchtbarem – einer verwesenden Krähe voller Maden, einem faulen Pilz oder, was am schlimmsten ist, in Fuchskot. Was kann man gegen dieses unangenehme Verhalten tun? Ich habe mich 30 Jahre lang mit dem Thema befasst und komme zu dem Schluss: nicht viel! Leider ist es etwas, das Hunde einfach tun und Ihnen bleibt nichts anderes übrig, als ein desodorierendes Trockenshampoo mit sich herumzutragen. Ich wasche meine Hofhunde mit dem Gartenschlauch und man könnte meinen, dass diese kalte Dusche ihnen die Sache verleiden könnte. Tut sie aber nicht!

Es gibt mehrere Produkte auf dem Markt, die unangenehme Gerüche aus dem Hundefell entfernen. In den USA gibt es sogar ein spezielles Spray gegen Stinktiergeruch, was das Schlimmste ist, das einem dort passieren kann. Bei Fuchskot und anderen Lieblingsgerüchen hilft angeblich auf die betreffende Stelle aufgetragenes Tomatenketchup als Vorbehandlung zu einer Shampoowäsche. Die dahinter steckende Chemie kann ich Ihnen allerdings nicht erklären, und die Ketchuphersteller scheinen bisher an einer Weiterentwicklung ihres Produkts für diese Anwendung nicht interessiert zu sein und investieren nicht in entsprechende Forschung!

Dauerkläffen

Meistens gibt es einen guten Grund dafür, warum Hunde bellen. Manche tun es aber so oft und ausdauernd, dass Besitzer und Nachbarn es unerträglich finden. Das normale territoriale Bellen als Reaktion beispielsweise auf den Briefträger wird noch toleriert, nicht aber Bellen als Reaktion auf vorbeifliegende Vögel oder herabfallende Blätter. Vielleicht bellt der Hund, weil er einsam und gestresst ist – ein Verhalten, auf das wir in Kapitel 6 noch näher eingehen werden. Andere bellen aus Aufregung, etwa in Vorfreude auf Futter oder Spaziergang. Und dann gibt es noch alte Hunde, für die Bellen eine Art der Eigenstimulation ist – wahrscheinlich,

---

Fallbeispiel: **Monty, der Blindenführhund**

In ein paar schweren Fällen, wo das Wälzen in Unrat so extrem war, dass es die Zukunft des Hundes bedrohte, habe ich mir eine Trainingstechnik ausgedacht. So beim Blindenführhund Monty, der sich in seiner Freizeit immer wieder in Kot wälzte. Das Verhalten drohte die ansonsten gute Beziehung zu schädigen, weshalb ich kreativ vorgehen musste. Ich gab dem Besitzer ein ferngesteuertes Sprayhalsband, mit dem er in dem Moment, als Monty sich zum Wälzen anschickte, einen Spraystoß abgeben konnte: Das ist unangenehm, aber effektiv für den Hund, weil der Kontext ungewöhnlich ist (Geruchsreiz), das Timing exakt ist und der Hund es nicht mit dem Besitzer in Verbindung bringt. In Montys Fall bediente ein sehender Partner des Besitzers das Gerät und Monty konnte erfolgreich 'geheilt' werden.

Bellen auf Kommando: Eine hilfreiche Übung

Vielleicht fragen Sie sich, warum um alles in der Welt Sie einem Hund das Bellen beibringen sollten, wenn Sie sich doch einen ruhigen Hund wünschen oder zumindest einen, der nur gelegentlich bellt und dann, wenn Sie es wollen. Genau das ist der Zweck dieser Übung: Das Bellen unter Kontrolle zu bringen, indem man die gut bekannten Prinzipien der instrumentellen Konditionierung anwendet. Genau das werden Sie tun: Warten Sie, bis der Hund aus irgendeinem beliebigen Grund bellt und sagen 'gib Laut'. Sie können auch einen erhobenen Zeigefinger oder zum O geformte Lippen zu Ihrem Signal für das Bellen machen. Belohnen Sie Ihren Hund für jedes Bellen, das mit diesem Signal verknüpft ist. Er wird schnell den Zusammenhang begreifen! Sobald er zuverlässig auf Ihr 'Laut!'-Kommando reagiert, versuchen Sie es mit Löschung: Ab sofort strafen Sie Ihren Hund immer dann mit völliger Missachtung, wenn er unaufgefordert bellt. Er wird schnell merken, dass nur Bellen auf Kommando sich lohnt und es in anderen Situationen Energieverschwendung ist.

weil sie taub sind. Auch Hunde können im Alter dement werden und unangebrachtes Bellen zum falschen Zeitpunkt ist eine häufige Beschwerde von Seniorhunde-Besitzern (s. Kap. 9).

Es gibt keine Vorgehensweise, die bei all diesen Arten und Gründen des Bellens gleich helfen würde – vielleicht einmal vom positiv trainierten Bellen auf Kommando abgesehen (s. oben).

Alles im Verhalten Ihres Hundes hat seinen

Wenn das Bellen durch Vögel oder Ereignisse außerhalb des Hauses ausgelöst wird, verhindern Sie, dass der Hund aus dem Fenster oder durch den Gartenzaun sehen kann.

Grund, und wenn er bellt, dann tut er das, weil es sich für ihn lohnt. Die wahrscheinlichste Belohnung ist, dass er mehr Aufmerksamkeit von Ihnen bekommt, auch wenn sie darin besteht, dass Sie ihn anschreien und mit Dingen nach ihm werfen. Das arme Tier denkt, dass es zumindest bemerkt wird! Eine bessere Strategie wäre daher, ihn zu ignorieren oder einen Reiz wie das Aboistop anzuwenden, der die Reaktion nicht unabsichtlich belohnt.

Eine andere Möglichkeit ergibt sich aus der Beobachtung von Hunden, die ein Kopfhalfter wie das Halti oder Gentle Leader tragen: Der sanfte auf den Fang ausgeübte Druck kann einen deutlich beruhigenden Effekt haben. Das Prinzip wurde von der Tellington Touch - Praktikerin Susan Sharpe zu einem Hilfsmittel namens 'Quiet Dog' weiterentwickelt. Es besteht aus weichem Elastikgurt in Form einer Acht und soll durch den ständigen Druck auf den Fang bestimmte beruhigende Akupunkturpunkte ansprechen. Wie auch immer die Theorie dahinter genau aussieht – es funktioniert!

Wenn Sie zwei oder mehr Hunde haben, bellt einer von ihnen vielleicht deshalb, um dem

Fallbeispiel: **Sandy und die Terrier-Terroristen**

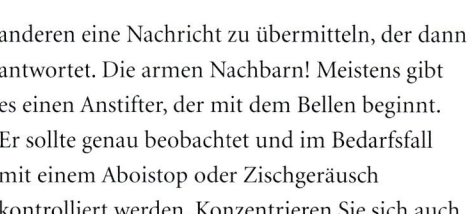

Meine gute Freundin Sandy hat zu viele Border Terrier angesammelt, weshalb ich sie schon aus einer Meile Entfernung kommen hören kann, wenn die Hunde im Kofferraum ihres Kombis sitzen. Sandy hat eine außer Kontrolle geratene Bande von Terrier-Terroristen! Die einzige Lösung wäre, mit jedem Hund einzeln zu arbeiten und alle beim Fahren irgendwie voneinander zu trennen. Das dies für sie aber praktisch nicht machbar ist, dreht sie lieber das Radio laut, ignoriert, wie die anderen sich über sie lustig machen und fährt einfach weiter.

'Schlechtes' Benehmen ist oft nur der Versuch, Aufmerksamkeit zu erhalten. Den Hund zu isolieren, bis er ruhig ist, ist eine effektive Lernstrategie.

anderen eine Nachricht zu übermitteln, der dann antwortet. Die armen Nachbarn! Meistens gibt es einen Anstifter, der mit dem Bellen beginnt. Er sollte genau beobachtet und im Bedarfsfall mit einem Aboistop oder Zischgeräusch kontrolliert werden. Konzentrieren Sie sich auch

Probleme beim Autofahren

Ich bekomme viele Anrufe von Besitzern, die wissen möchten, wie sie mit einem Hund umgehen sollen, der sich auf der Fahrt zur Hundewiese oder zum Wald wie wild im Auto aufführt. Über die Rückfahrt nach Hause

'Wenn Ihr Haus so ruhig ist, dass man jeden kleinen Laut wahrnimmt, sorgen Sie für ein Hintergrundgeräusch.'

auf dieses Individuum mit Ihrem Training zum Bellen auf Kommando, wie im Kasten auf der gegenüberliegenden Seite beschrieben.

Wenn Ihr Haus so ruhig ist, dass man jeden kleinen Laut wahrnimmt, sorgen Sie für Geräusch – irgendeine Art von Geräusch. Ein Radio, am besten einen Talksender, laufen zu lassen ist zum Beispiel eine gute Möglichkeit, weil es als Hintergrundgeräusch dienen und andere ungewöhnliche Geräusche ausblenden kann.

höre ich dagegen selten Beschwerden. Die Hunde kläffen aufgeregt und springen im Auto umher, während der verzweifelte Fahrer versucht, die Konzentration zu behalten und das Auto sicher zu lenken. Die Strategie für diese Autoprobleme ist, anzuhalten und erst dann weiterzufahren, wenn der Hund ruhig ist. Genau das Gleiche gilt auch für Zuhause, wenn Ihr Hund übermäßig aufgeregt auf Ihre Vorbereitungen zum Spaziergang reagiert. Sätze wie 'Los geht's, 'Gassi' oder 'alle Hunde raus', mit denen Sie Ihre Absicht ankündigen, sollten Sie natürlich tunlichst vermeiden, wenn Sie ein friedliches Leben haben möchten. Disziplinierte Reisemanieren lernen sich am besten von klein auf, wenn der Welpe von einer Begleitperson auf dem Rücksitz gehalten wird. Nehmen Sie ihn mit auf langweilige Fahrten, zum Beispiel zum Einkaufen, wo er nicht aus dem Auto herauskommt. So verknüpft er das Auto nicht automatisch mit spannenden Unternehmungen. Hunde bellen deshalb im Auto, weil sie gelernt haben, dass sie damit unser Fahrverhalten verändern: je mehr sie bellen, desto schneller fahren wir. Und am Ende der Reise lassen wir sie umso schneller aus dem Auto, je mehr sie bellen. So werden Fahrten zur Hundewiese zum Auslöser für aufgeregtes Bellen, während die Heimfahrt ruhig bleibt, weil das Zuhause ein langweiliges Ziel ist.

Mit den Jahren habe ich verschiedene Methoden gegen schlechte Automanieren entwickelt.

Die erste und wichtigste ist die Gegenkonditionierung, sodass Bellen im Auto zum Hinauszögern der Abfahrt führt. Bleiben Sie einfach ruhig am Steuer sitzen und warten, bis er aufhört. Lassen Sie ihn am Ziel angekommen nicht sofort hinaus, sondern lassen Sie ihn warten. Sie können noch etwas Radio hören, aussteigen, um das Auto herumgehen und ihn herauslassen, wenn er beispielsweise 30 Sekunden lang ruhig war. Konditionieren Sie ein 'Sitz' oder 'Platz-Bleib' als Bedingung dafür, dass Sie die Autotür öffnen. So verhindern Sie, dass der Hund herausspringt, bevor Sie die Leine festmachen konnten.

Bei sehr schweren Fällen von Autohysterie hilft es, den Hund in den Fußraum hinter dem Fahrersitz zu verbannen, weil er von dort aus weniger sehen kann. Dazu muss er so festgemacht werden, dass sein Kopf unten bleibt und er nicht aus dem Fenster schauen kann. Im Idealfall sitzt auf dem Rücksitz jemand, der sich mit ihm beschäftigen und fürs Ruhigsein belohnen kann.

Gefahrenplatz Auto

Das Auto kann sowohl für Menschen als auch für Hunde ein gefährlicher Ort sein. Bei der Fahrt nicht gesicherte Hunde können bei plötzlichen Bremsungen oder Unfällen verletzt werden. Mehr über das Sichern im Auto lesen Sie in Kapitel 8. Aber auch im Sommer kann das Auto zur tödlichen Falle werden: Die Temperatur im Inneren kann selbst bei bedecktem Himmel in weniger als zehn Minuten auf über 50°C steigen und es gibt jedes Jahr aufs Neue Berichte von tragischen Todesfällen. Wenn Sie den Hund bei heißem Wetter mitnehmen müssen, sorgen Sie für eine Klimaanlage, parken Sie mit geöffneten Fenstern im Schatten und nehmen Sie immer Wasser mit. Dies klingt so offensichtlich, dass es nicht erwähnenswert scheint, aber selbst Profis, die es besser wissen sollten, haben schon genau diese Fehler gemacht und ihre Hunde umgebracht.

Wenn Sie das Verhalten Ihres Hundes kontrollieren können, wird er sich mit Ihnen auch in fremder Umgebung sicher und umsorgt fühlen.

6 Verhaltenstherapie

Techniken für schwierigere Fälle

Verhaltenstherapie

Schwierigere Verhaltensprobleme bei Hunden wie Angst, Aggression
und Phobien oder schlechtes Verhalten gegenüber Ihren Gästen.
Keine Sorge – diesen Problemen können Sie mit Training abhelfen,
entweder selbst oder mit Hilfe eines Profis.

Als ich in den 1970er Jahren meine Praxis
für Tierpsychologie eröffnete, wurde das von
der Presse als eine Art dekadente Spinnerei
für verwöhnte Haustiere aufgenommen.
Das hat sich geändert und inzwischen ist
allgemein anerkannt, dass Hunde hin und
wieder professionelle Hilfe brauchen, um mit
den Anforderungen des modernen Lebens
klarzukommen. Heute gibt es Unmengen
von Gewerbetreibenden, die sich als
'Verhaltenstherapeuten', 'Flüsterer' und ähnliches
bezeichnen. Ich vergleiche unsere Rolle gern mit
der eines 'Reparaturservice' für Alltagsprobleme
bei Hunden, der am Erfolg gemessen wird, genau

wie ein Klempner daran gemessen wird, ob er
einen tropfenden Wasserhahn reparieren konnte.

Ich stieg damals als Wissenschaftler in das
Feld ein und war es gewohnt, präzise und
umfangreiche Daten aus der Beobachtung von
Hunden und Katzen, von Tieren in Freiheit
und unter Laborbedingungen zu sammeln.
Aber schon nach wenigen Monaten Praxis
wurde klar, dass die laborlastige Forschung ein
schlechter Ausgangspunkt für den Umgang mit
den verschiedenen und komplexen Situationen
war, mit denen Hunde heute konfrontiert sind.
Gebraucht wurde vielmehr eine sehr individuelle
Herangehensweise für jeden Hund mit einem

'Gebraucht wurde eine sehr individuelle Herangehensweise mit maßgeschneidertem Trainingskonzept.'

Manche
Verhaltensprobleme
haben ihre Ursache
nicht in mangelnder
Erziehung, sondern
gehen auf frühere
traumatische
Erfahrungen oder
Misshandlungen durch
Vorbesitzer zurück.

maßgeschneiderten Trainingskonzept. So kam es, dass ich mit den Jahren Wege zum Umgang mit den verschiedenen Verhaltensproblemen erarbeitete, die Hunde ihren Besitzern bereiten. Aber selbst nach all den Jahren kommen mir immer wieder ungewöhnliche Problemfälle unter, die nirgends in der Fachliteratur beschrieben sind. So hatte ich kürzlich mit einem Bearded Collie zu tun, der sich auf Spaziergängen in London strikt weigerte, irgendwo links abzubiegen. Dies war erst mein zweiter Fall dieser Art, und der erste war ebenfalls ein Bearded Collie gewesen. Vielleicht waren sie verwandt. Ich traf auch in drei verschiedenen Haushalten auf Möpse, die alle wie verrückt 'Luft leckten', wenn sie Zigarettenrauch rochen. Nach genauer Beobachtung fanden wir heraus, dass dieses scheinbar merkwürdige Verhalten mit dem gespaltenen Gaumen zu tun hatte, der bei vielen Möpsen vorkommt.

In diesem Kapitel werde ich die Verhaltensprobleme beschreiben, die in meiner Praxis am häufigsten vorkommen. Die Liste ist auf keinen Fall vollständig, aber vielleicht hilft sie Ihnen, die Entstehung solcher Probleme bei Ihrem Hund zu vermeiden oder mit ihnen umzugehen. Sie müssen aber wissen, dass die Forschung zum Hundeverhalten und das Hundetraining sich ständig weiterentwickeln und Sie sich diejenigen Bestandteile heraussuchen müssen, die am besten zu Ihrer Situation passen und die besten Ergebnisse bei Ihrem Hund versprechen.

Hilfe vom Profi

Falls Sie Hilfe mit Ihrem Hund brauchen, fragen Sie als erstes Ihren Tierarzt um Rat. Bevor ein Programm zur Verhaltenstherapie gestartet werden kann, muss der Hund immer erst gründlich untersucht werden. Genau wie beim Menschen können sich nämlich auch bei Hunden medizinische Ursachen auf das Verhalten auswirken.

Bevor Sie Ihr Geld und Ihren Hund einem Trainer oder Verhaltenstherapeuten anvertrauen, überprüfen Sie zuerst kritisch seine Aussagen, Qualifikationen und Erfahrung. Praktische Erfahrungen sind wichtiger als akademische Grade. Liebt der- oder diejenige Hunde wirklich, hat Spaß an der Arbeit und möchte, dass Sie und Ihr Hund Fortschritte erreichen?

Wie geht der Trainer bei der ersten Begegnung mit dem Hund um, was hat er vor? Möchte er einen Spaziergang oder eine kleine Autofahrt machen und alles über Ihr Leben mit dem Hund erfahren? Fragt er, wie er sich beim Tierarzt oder Frisör benimmt, wenn Sie ihm die Krallen schneiden oder ihn angebunden zurücklassen? Fragt er nach Erlebnissen im Welpenalter? Hundeprofis müssen eine Menge Fragen stellen, um ihren Job gut zu machen, manchmal auch persönlich scheinende. Diese Suche nach der Wahrheit ist aber unumgänglich, wenn man die vermutlichen Ursachen und Folgen eines Verhaltensproblems herausfinden möchte.

Versuchen Sie einen Profi zu finden, der seinen Job liebt und sich gut in Hunde einfühlen kann.

Wenn Sie Welpen besichtigen, muss unbedingt die Mutter mit dabei sein, damit Sie ihr Wesen und ihre Gesundheit einschätzen können. Ideal ist, wenn Sie auch den Vater der Welpen sehen können.

Häufige Problemursachen

Was wir sind, ist zu einem großen Teil in unseren Genen kodiert und es gibt einen hohen, ständig wachsenden Stapel wissenschaftlicher Untersuchungen zum Thema Verhaltensgenetik. Der genetische Code von Hunden wurde genau wie der von Menschen und Mäusen inzwischen entschlüsselt und es wurden Gene identifiziert, die bestimmte Stoffwechselprozesse oder Verhalten steuern. Nach dem derzeitigen Stand des Wissens scheint es aber kaum wahrscheinlich, dass eine Gentherapie eine praktische Rolle im Umgang mit Verhaltensproblemen bei Hunden spielen könnte. Beim Kauf eines Welpen ist es aber vernünftig, zu einem Züchter zu gehen, dessen Hunde wünschenswerte

Verhaltensmerkmale zeigen und diejenigen zu meiden, die nervös oder aggressiv sind oder nicht auf menschlichen Kontakt ansprechen. Egal, ob diese Merkmale ererbt oder erworben sind: Sicher ist, dass die Elterntiere das Verhalten und Wesen ihrer Nachkommen deutlich beeinflussen.

Angst

Der Hauptgrund für übermäßige Ängstlichkeit bei Hunden ist, dass sie in ihren ersten Lebensmonaten nicht ausreichend sozialisiert wurden. Wir haben dieses wichtige Thema schon früher besprochen, deshalb hier nur der Hinweis, dass sowohl Züchter als auch Besitzer Zeit und Mühe in die Welpenaufzucht investieren müssen, was sich später enorm auszahlen wird.

Wenn kein Hausbesuch möglich ist

Die meisten Verhaltensprobleme lassen sich am besten in häuslicher Umgebung lösen – dort, wo es wirklich darauf ankommt und wo auch die meisten Probleme auftreten. Manchmal kann der Trainer aber vielleicht nicht zu Ihnen kommen. In diesem Fall ist es wichtig, dass Sie ihm einen klaren und ehrlichen Bericht des Verhaltens liefern: Wann hat es begonnen und warum Ihrer Meinung nach, wann und wo tritt

es am häufigsten auf und wer ist davon hauptsächlich betroffen? Ergänzen Sie diese Information, wenn möglich, mit Filmaufnahmen des Problemverhaltens (dem Smartphone sei Dank). Der Verhaltensexperte kann dann eine theoretische Problemanalyse liefern, ohne das Verhalten und seine Auswirkungen auf Ihr Haus und Ihre Familie direkt zu sehen.

Trauma

Der wahrscheinlichste Grund für Aggression gegenüber anderen Hunden ist, dass der Hund selbst einmal Opfer eines Angriffs gewesen ist. Für einen jungen Hund ist das eine traumatische Erfahrung und nur wenige solcher Erlebnisse reichen aus, um ihn zum Raufer zu machen. Meine praktische Erfahrung ist aber, dass solche Angriffsopfer rehabilitiert werden können. Selbst Hunde, die geschlagen und unvorstellbar grausam behandelt wurden, scheinen sich in den meisten Fällen gut davon zu erholen und bringen sogar denjenigen weiter Vertrauen entgegen, die sie misshandelt haben. Ganz ähnlich wie kindliche Opfer häuslicher Gewalt verzeihen auch Hunde nur zu bereitwillig den Menschen, die ihnen Schaden zugefügt haben.

Medizinische Ursachen

Schmerzen beeinflussen nicht nur bei uns Gefühle, Hormone und das zentrale Nervensystem, sondern auch bei Hunden. Unter den medizinischen Ursachen ist Schmerz der wichtigste Auslöser für unerwünschtes Verhalten. Ein eingeklemmter Nerv, arthritische Gelenke oder Probleme an Muskeln oder Skelett können die Ursache sein. Paradoxerweise sind die am einfachsten zugänglichen und leicht zu stellenden Diagnosen unbehandelte Zahn- und Ohrinfektionen. Viele Besitzer bringen dem Zustand der Hundezähne nicht genug Aufmerksamkeit entgegen oder schauen zu selten in die Ohren. Tun Sie es einmal – Sie könnten eine unerwünschte Überraschung erleben!

Aggression: Das Problem mit der höchsten Dringlichkeitsstufe!

Hunde sind Fleischfresser, und Fleischfresser töten. Deshalb jagen Hunde Beutetiere, aber es es nicht der Grund, warum sie Menschen beißen: Menschen sind kein Futter! Sie tun es (meistens) deshalb, weil sie Angst haben, sich bedroht

Strenge Gesetze helfen nicht gegen gefährliche Hunde

Fast in allen beobachteten Ländern nehmen die Berichte über beißende und Menschen angreifende Hunde zu. Und das, obwohl wir immer strengere Gesetze zur Kontrolle gefährlicher Hunde und immer mehr Verhaltenstherapeuten für Hunde haben. Gibt es da am Ende einen Zusammenhang? Vielleicht sind strengere Gesetze nicht die Lösung für den Umgang mit aggressiven Hunden und einige/viele/die meisten Verhaltenstherapeuten machen etwas falsch? Die Lösung liegt in besserer Ausbildung der Hunde und ihrer Halter und natürlich auch der Aufklärung der breiten Öffentlichkeit, sodass die Bedürfnisse und Gewohnheiten von Hunden besser verstanden werden.

Belohnungsbasiertes Training, hier mit einem Spielzeug, hilft einem scheuen Hund, Vertrauen aufzubauen.

fühlen, es um die Verteidigung einer Ressource geht, ihre heimatliche Reviergrenze verletzt wurde oder es Streit um die Führungsrolle gibt. Die Behandlung hängt sehr von der zugrundeliegenden Ursache ab. Ein Hund, der Angst vor Annäherung oder Berührung – erst recht von Fremden – hat, fordert eine ganz andere Herangehensweise als einer, der gerne Top Dog sein möchte und seine Menschen zu kontrollieren versucht.

Der ängstliche Hund

Die Körpersprache eines ängstlichen Hundes ist leicht zu erkennen: tief gehaltener oder gar eingezogener Schwanz, erweiterte Pupillen, zurückgestellte Ohren und eine Körperhaltung, die Konflikt zwischen Angriff und Flucht zeigt. In erster Linie sind hier vertrauensbildende Maßnahmen gefragt, aber der ängstliche Hund hat auch gelernt, dass ein Angriff die ihm unwillkommene Annährerung von Menschen abwehren kann. Deshalb sind Freundlichkeit und ein bisschen Mitleid zwar richtig, aber es muss auch eine realistische Einschätzung der Fehlentwicklung im Lernen geben, die zur Entwicklung dieses Verhaltens geführt hat. Am

wahrscheinlichsten sind Fortschritte bei einem solchen Hund aber mit belohnungsbasiertem Training zu erreichen. Dementsprechend wäre Clickertraining (s.S. 70) meine erste Wahl, um die Persönlichkeit eines ängstlichen Hundes zum Vorschein zu bringen, selbst, wenn er schon einmal gebissen hat.

Üben Sie das Clickertraining dazu zuerst an anderen Aspekten des Verhaltens Ihres Hundes und benutzen Leckerchen oder was immer sonst ihn motiviert. Für viele Hunde ist Spiel eine tolle Motivation und Sie können ein Spiel mit seinem Lieblingsspielzeug dazu nutzen, das Beste aus ihm herauszuholen. Wenn Sie dann so weit sind, das Angstthema anzugehen, clicken Sie jeden kleinen Versuch und jede Bewegung des Hundes, einen etwas vertrauensvolleren Kontakt zu Menschen, Hunden oder wovor sonst immer er Angst hat aufzunehmen. Haben Sie Geduld und machen Sie Ihrem Hund Mut.

Alternativverhalten trainieren

Ängstlichen Hunden, die sich zurückziehen oder (schlimmer) sich verteidigen, indem sie einen sich nähernden Menschen beißen, kann sehr geholfen werden, wenn man ihnen beibringt,

Psychopharmaka ja oder nein?

In der Humanpsychiatrie werden die verschiedensten Wirkstoffe eingesetzt, um Empfinden und Gefühle zu beeinflussen. Viele dieser Medikamente haben wegen unerwünschter Nebenwirkungen einen schlechten Ruf bekommen: Librium, Valium (Diazepam), ACP und viele Steroide haben wechselnde Beliebtheit erlebt. Die gleichen Trends scheint es auch in der Veterinärmedizin zu geben: In den 1970ern und '80ern war es üblich, aggressive Hunde mit dem Wirkstoff Megestrolacetat zu behandeln. Heute würde niemand mehr auf die Idee kommen, es zu benutzen, weil es den Flüssigkeitshaushalt verändert, Gesäugetumore verursachen kann, Hunde dick und damit anfällig für Diabetes werden lässt – und andere schädliche Nebenwirkungen mehr.

In der Pharmaindustrie lässt sich ein Trend beobachten, die Marketingmaßnahmen vom Menschen auf Tiere zu verlagern, weil es hier einen lukrativen Markt für Produkte zu geben scheint. Leider haben sich viele meiner Tierärztekollegen aus aller Welt von fehlerhaften Versprechen dieses oder jenes Arzneimittels hinters Licht führen lassen. Über die Alternative, einfaches Verhaltenstraining, wird oft gar nicht nachgedacht, und normale adaptive Verhalten des Hundes wie Stress beim Alleinsein werden wie Anomalien oder medizinische Syndrome behandelt.

Ich selbst fand eine Behandlung mit Medikamenten nur selten nötig, und wenn, dann war es der letzte und verzweifelte Ausweg. Mir ist zum Beispiel bewusst, dass der kurzfristige Einsatz von Medikamenten bei der Behandlung extremer und die Lebensqualität beeinflussender Geräuschangst oder bei obsessivem Zwangsverhalten, bei dem die Hunde sich selbst schädigen, hilfreich sein kann. In meiner Praxis kommen solche Fälle aber nur ein bis zwei Mal pro Jahr vor.

Zum Glück werden die Verbraucher der voreiligen Verschreibung von Psychopharmaka gegenüber aber immer kritischer – bei Hunden genauso wie bei Menschen. Es gibt Alternativen aus Homöopathie oder Kräutermedizin, die genauso oder sogar noch besser wirksam sind wie Clomipramin, Fluoxetin & Co. Das homöopathische Produkt Homeopet Anxiety wurde zum Beispiel streng wissenschaftlich an Hunden mit Angst vor Feuerwerkskrachern untersucht. Die Angst dieser Hunde wurde im Vergleich zu einer Kontrollgruppe, die nur ein Placebo erhielt, erheblich reduziert. Bei solchen Studien kann der Versuchsaufbau das Ergebnis natürlich sehr beeinflussen , aber so manches verschreibungspflichtige Medikament hat in der Praxis nicht besser abgeschnitten als ein Placebo. Auch die vom Hersteller gesponserten Wirksamkeitsstudien zu den sogenannten Pheromon-Produkten, die ebenfalls Angst bei Hunden lindern sollen, ergaben nur eine Wirksamkeit, die kaum höher als die Zufallsrate lag. Keine Gewähr auf die Wirksamkeit also!

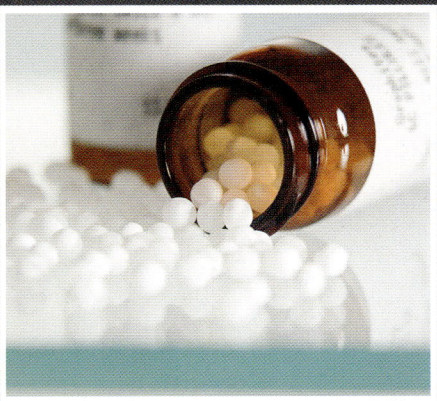

ein Verhalten auszuführen oder eine Haltung einzunehmen, die mit Rückzug oder Beißen nicht vereinbar ist. Die einfachste Möglichkeit ist 'Sitz'; Sie können ihm aber auch beibringen, auf seinen Platz oder eine spezielle Matte in Sichtweite zu gehen, wenn es zum Beispiel Besucher im Haus sind, die ihn aufregen. Alternativ kann das Training vergnüglicher Tricks wie 'Rolle', 'toter Hund' oder 'auf der Seite liegen' seine Möglichkeiten einschränken, angstmotiviertes Verhalten zu zeigen. Diese Dinge sollten immer weit im Vorfeld ohne angstauslösenden Reiz trainiert werden und gut belohnt werden.

Eine andere gute Möglichkeit ist, ein Kopfhalfter und ein Geschirr in Kombination zu benutzen und dann entweder mit Ihnen oder der Person, vor der er Angst hat, spazieren zu gehen. Dazu brauchen Sie sowohl körperliches Geschick als auch Selbstvertrauen und Ruhe, denn Ihre Ruhe (oder Unruhe) wird sich auf jeden Fall auf den ängstlichen Hund übertragen. Auf keinen Fall darf der Hund an einem Würgehalsband oder auch nur normalen Halsband durch die Gegend gezogen werden. Ihre Stimme und Körpersprache spielen hier eine entscheidende Rolle. Gehen Sie zusammen mit ihm auf Gegenstände und Situationen zu, vor denen er zurückweichen möchte. Systematische Desensibilisierung in kleinen Schritten lautet hier das Rezept: bringen Sie Ihren Hund nie in Situationen, die ihn übermäßig ängstigen.

Schließen Sie dabei unbedingt die Möglichkeit aus, dass Ihr Hund jemanden verletzen kann. Passen Sie ihm einen Maulkorb an, mit dem er hecheln, trinken und Leckerchen fressen kann. Ein bequem sitzender Maulkorb nimmt Ihnen die Sorge, dass er Sie, Familienmitglieder oder Hilfspersonen, die Sie für das Anti-Angst-Training engagiert haben, beißen könnte.

Vorgetäuschte Angst

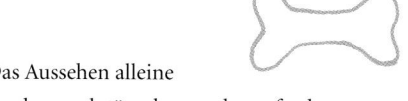

Manche Hunde sind sehr überzeugende Schauspieler und zeigen eine Körpersprache extremer Angst, obwohl ihre eigentlichen physiologischen Signale die eines ausgeglichenen oder sogar selbstbewussten Hundes sind. Der äußere Anschein von Schüchternheit oder Angst wird schnell trainiert, wenn man darauf mit Mitleid und Aufmerksamkeit reagiert. Für den Hund ist das Lernrezept simpel: Sieh verängstigt aus, errege Herrchens Mitleid und werde mit geballter Aufmerksamkeit belohnt! Kinder benutzen manchmal die gleiche Strategie, um ihre Eltern zu manipulieren. Als Psychologe rate ich auch hier wieder zur Gegenkonditionierung, um das entgegengesetzte Ergebnis davon herbeizuführen, was der Hund oder das Kind eigentlich wollte.

Das Aussehen alleine kann aber auch täuschen und es erfordert manchmal erhebliche Kenntnisse oder technische Unterstützung, um vorgetäuschte von echter Angst zu unterscheiden. Achten Sie auf geweitete Pupillen (typisch bei Angst), gesteigerte Herzfrequenz, veränderte Muskelspannung, schnelleres Atmen, Speicheln oder – für die technisch Versierten auf den Kortisolgehalt des Speichels. Eins oder mehrere dieser Anzeichen sind ein verlässlicher Hinweis auf das tatsächliche Befinden. Falls Sie zu dem Schluss kommen, dass Ihr Hund gar nicht so ängstlich ist und nur mehr Aufmerksamkeit möchte, um zum Beispiel nach Hause getragen zu werden, wenden Sie als Gegenstrategie einfach fröhliche Ausgelassenheit an.

Die 'Tellington Touch' - Therapie ist eine bewährte Methode, um einen nervösen Hund positiv auf menschlichen Kontakt reagieren zu lassen. Sie beruht auf einer sanften Massage empfindsamer Stellen, wie hier zum Beispiel der Ohren.

Falls der Hund nach Ihnen oder Ihren Helfern schnappt, weichen Sie nicht zurück und belohnen ihn nicht damit, dass er die unerwünschte Kontaktaufnahme erfolgreich vermieden hat. Behaupten Sie Ihren Platz, sprechen Sie ruhig mit ihm und massieren Sie, wenn das möglich ist, sanft seine Ohren. Die Technik der Ohrmassage ist Teil der 'Tellington Touch' - Therapie (s. Kap. 8) und Sie können sie gut in Ihre Werkzeugkiste für den Umgang mit dem Hund einpacken. Bei der TT-Massage wird der Hund an besonders reaktiven Bereichen seines Körpers massiert, und die Ohren sind sowohl bei Hunden als auch bei Menschen besonders empfänglich dafür. Heute gibt es weltweit ein ganzes Netz ausgebildeter Practitioner für die Methode, die nach ethischen Standards arbeiten und sich zum Teil in Vertrauensbildung bei ängstlichen Hunden spezialisiert haben. Ein guter Teil der hinter der TT-Methode stehenden Theorie stammt aus der chinesischen Medizin, insbesondere der Akupunktur.

Ein sehr praktischer Weg, die Kraft der Akupunktur-Prinzipien zur Beruhigung unbegründeter Ängste bei Hunden anzuwenden, ist der sogenannte Anxiety Wrap™. Dabei handelt es sich um ein eng anliegendes Shirt für Hunde, das von der amerikanischen Hundetrainerin und TT-Practitionerin Susan Sharpe erfunden wurde. Es funktioniert dadurch, dass es anhaltenden, sanften Druck auf bestimmte Akupunkturpunkte am Körper des Hundes ausübt, von denen man weiß, dass sie die Gefühle beeinflussen. Die angstmindernde Wirkung setzt fast unmittelbar ein und es gibt keine Nebenwirkungen – außer, dass der Hund in seinem engen Ganzkörper-Anzug sehr exzentrisch aussieht! Der Anxiety Wrap und ein weiteres ähnliches Produkt, das Thundershirt, wurden beide von der tiermedizinischen Fakultät der Universität Tufts in Massachusetts unabhängig und objektiv geprüft. Die Wirksamkeit konnte bestätigt werden, wobei der Anxiety Wrap besser abschnitt, weil er mehr relevante Akupunkturpunkte stimuliert. Insgesamt sollte die Therapie für einen ängstlichen Hund so gestaltet sein, dass von Vertrauen und Offenheit geprägte Verhalten und die mit ihnen verbundenen Gefühle belohnt werden. Die Belohnung dafür muss stärker sein als die Strafe, die aus Rückzug und Isolation entsteht.

Geräuschangst

Hunde neigen außergewöhnlich stark dazu, extreme und quasi lähmende Ängste vor bestimmten lauten Geräuschen, vor allem Donner und lauten Knallen, zu entwickeln. Ich wurde noch nie zur Behandlung von Geräuschphobien bei Katzen, Pferden oder

anderen Haustieren gerufen und habe keine
Ahnung, warum Hunde in dieser Hinsicht so
anders sind. Mindestens ein Viertel aller Hunde
zeigt übertriebene Angst vor Knallen und
vermutlich genauso viele vor Donnerkrachen.
Viele Hunde werden bei aufziehenden Gewittern
extem unruhig und spüren sie schon Stunden,
bevor Menschen sie wahrnehmen, wofür
vermutlich ihr feines Gespür für erhöhte
Feuchtigkeit in Kombination mit Temperatur,
Tageszeit und verändertem Luftdruck
verantwortlich ist.

Der Anblick eines hechelnden und ruhelos
umherlaufenden Hundes, der vor dem
Geräusch fliehen möchte, ist wirklich nicht
schön. Er nimmt nichts anderes mehr wahr
und lässt sich in seiner Angst nicht beruhigen
– manche versuchen sogar, aus dem Haus zu
entkommen und verursachen dabei Schaden.
Die Behandlung solcher irrationaler Ängste ist
eine der größten Herausforderungen, denen wir
uns in der Verhaltenstherapie stellen müssen.
Das Schlüsselkonzept dafür ist die systematische
Desensibilisierung. Dabei wird ein Reiz
zunächst in niedriger und erträglicher Intensität
präsentiert. Je mehr sich die Toleranz des
Patienten erhöht, desto stärker oder länger wird
er dem Reiz ausgesetzt – immer verknüpft mit
angenehmen Erfahrungen. Genauso behandeln
Psychotherapeuten auch Menschen mit Angst

> ### Kurz gefasst: Die Behandlung geräuschempfindlicher Hunde
>
> - Versuchen Sie eine systematische Desensibilisierung mit Tonaufnahmen.
> - Schaffen Sie eine schallgedämpfte Höhle, in der der Hund sich zurückziehen kann.
> - Halten Sie ihn im Haus und lassen Sie Hintergrundmusik laufen.
> - Probieren Sie homöopathische oder angstlindernde Medikamente.
> - Ziehen Sie ihm eng anliegende Kleidung wie das Anxiety Wrap an.
> - Wägen Sie ab, ob Sie ihn im Zustand extremer Angst trösten oder nicht.

vor Schlangen oder Spinnen. Das Konzept ist
auch auf Hunde mit Geräuschangst anwendbar,
wenn auch mit etwas mehr Schwierigkeiten: Das
von einem Gerät abgespielte Geräusch muss so
realistisch sein, dass der Hund es für den gleichen
Reiz wie das echte Gewitter oder Feuerwerk
hält. Und selbst mit der besten Aufnahme ist es
schwierig, eine gute Version hinzubekommen.
Probieren Sie diese Technik am besten mit
einer der vielen Geräuschtrainings-CDs aus,

Dies ist kein Maulkorb, sondern ein Kopfband zur
Beruhigung ängstlicher Hunde.

Der Maulkorb muss es dem Hund ermöglichen, zu
hecheln, zu trinken und Leckerchen zu nehmen.

Tricks wie die 'Rolle' zu trainieren hilft dem Hund verstehen, dass enger Kontakt zu Ihnen Spaß macht und fördert seine Intelligenz.

die es speziell für diesen Zweck zu kaufen gibt. Beginnen Sie mit niedriger Lautstärke auf Ihrem besten HiFi-Gerät und drehen Sie erst lauter, bis der Hund bei der bisherigen Lautstärke entspannt bleibt. Übereilen Sie nichts und stellen Sie sofort wieder leiser, wenn der Hund Anzeichen für Stress zeigt.

Ich habe außerdem viele Begleittherapien für Hunde mit schweren Geräuschphobien ausprobiert und konnte an den vielen verschiedenen Medikamenten, die speziell für diesen Zweck vertrieben werden, keinen Nutzen finden. Die zuvor schon erwähnte homöopathische Medizin hat hingegen vielen meiner Patienten kurzfristig geholfen. Ein anderes weit verbreitetes Mittel sind Bachblüten, und auch einige spezielle Kräutermischungen werden angeboten. Berichten zufolge können sie in manchen Fällen erfolgreich sein, aber die meisten erfüllen die Versprechen der Hersteller leider nicht. Die beste Behandlung für Hunde mit Angst vor Knall und Donner ist ein eng anliegendes Kleidungsstück wie die zuvor schon erwähnten amerikanischen Produkte Anxiety Wrap™ und Thundershirt™.

Das Wichtigste für einen von Geräuschen geängstigten Hund ist, dass er sich irgendwohin flüchten kann, am besten in eine dunkle Höhle, wo er sich in weiche Decken eingraben und sicher fühlen kann. In der Praxis wird dies meist eine Box sein, die er schon seit Welpentagen kennt und die mit dicken Bettdecken oder anderen geräuschdämpfenden Materialien abgedeckt ist. Lassen Sie laute, ablenkende Musik spielen, solange draußen die angstmachenden Geräusche toben, und schließen Sie Türen, Fenster und Vorhänge.

Sie können Ihrem Hund auch ähnliche Ohrstöpsel verpassen, wie Menschen sie in lärmreicher Umgebung tragen. Die Akzeptanz solcher speziell geformten Ohrstöpsel ist aber von Hund zu Hund sehr unterschiedlich. Wenn Ihrer sie verträgt, muss er vermutlich eine elastische Binde um den Kopf tragen, damit er sie nicht entfernen kann. Beim ersten Anpassversuch eines solchen Lärmschutzes aus Schaummaterial

Dieser Jack Russell hasst seinen Nachbarn – mich! Ich nehme mit einem Leckerchen ersten Kontakt zu ihm auf, später machen wir einen Spaziergang zusammen.

Kurz gefasst: Die Behandlung eines ängstlichen Hundes

- Vorbeugen ist besser als Heilen. Lassen Sie den Welpen viele soziale und Umwelterfahrungen machen und besuchen Sie Welpenkurse.
- Belohnen Sie offenes und neugieriges Verhalten.
- Arbeiten Sie mit Clickertraining, um neue Aktivitäten und Haltungen zu trainieren, die mit ängstlichem Rückzug unvereinbar sind (Gegenkonditionierung).
- Stellen Sie fest, ob Ihr Hund wirklich so ängstlich ist, wie seine Körpersprache vermuten lässt. Falls er schauspielert, führen Sie ihn mit Halti und Geschirr vertrauensvoll und zielbewusst zu der Sache oder Person, die er vermeiden möchte.
- Gewöhnen Sie ihn an andere Menschen: Geben Sie Fremden seine Leine und Leckerchen in die Hand und lassen Sie sie kurzfristige Beziehungen zu Ihrem Hund aufbauen.
- Riskieren Sie nicht, dass Ihr Hund beißt, auch nicht aus Selbstverteidigung. Benutzen Sie einen Maulkorb, wenn diese Gefahr besteht.

sollten Sie Ihren Tierarzt nachschauen lassen, ob er richtig im Gehörgang sitzt und beim Entfernen keinen Schaden anrichten kann. Ob Sie Ihren ängstlichen Hund beachten und trösten oder nicht, ist eine sehr persönliche Sache. Bei manchen Hunden verstärkt übermäßige Sorge der Besitzer die äußerlichen Anzeichen der Angst (gespielte Angst), anderen scheint es aber wirklich zu helfen, wenn sie geknuddelt und 'beschützt' werden. Vertrauen Sie hier Ihrem eigenen Urteil und tun das, was am besten bei Ihrem Hund funktioniert.

Ihr Hund beißt Gäste: Territorialverhalten

Natürlich sind wir alle stolz darauf, dass unser Hund uns und unser Haus vor Einbrechern beschützen könnte. Aber Achtung: In den meisten europäischen Ländern stellt das Gesetz die Rechte des Einbrechers diesbezüglich über die des Hausbesitzers. In den USA sieht man es etwas anders und ein Hund ist dort eine legitime Möglichkeit, sein Haus gegen jemand zu verteidigen, der dort Schaden anrichten möchte. Die Schutzfunktion von Hunden war sicherlich

ursprünglich einer der Hauptgründe für ihre Domestikation. Der feine Hör- und Geruchssinn macht uns auf Eindringlinge aufmerksam und die meisten Hunde können kräftig zubeißen. Das Problem ist nur, dass ein Hund, der sein Revier gegen echte Feinde verteidigt, auch Menschen beißen kann, die einen ganz legitimen Grund zum Betreten Ihres Hauses haben wie Freunde oder Briefträger. Insgesamt bringt man einem Hund besser überhaupt nicht bei, irgendjemand zu beißen, egal unter welchen Umständen. Untergraben Sie stattdessen die komplexe Hierarchie von Verhalten, die ein sein Zuhause verteidigender Hund zeigt und übernehmen Sie notfalls lieber selbst an seiner Stelle die Rolle der Verteidigung.

Zwei Schlüsselelemente sind wichtig, wenn Sie einen vertrauensvoll mit allen Menschen umgehenden Hund haben möchten. Wählen Sie erstens eine Rasse aus, die weniger territorial und misstrauisch gegenüber Fremden ist als andere und sozialisieren Sie zweitens Ihren Hund aktiv, sodass er schon früh im Leben viele verschiedene Menschen trifft und positive Erfahrungen bei diesen Begegnungen sammelt (s. Kap. 2).

1 Radfahrer jagen ist ein gefährliches Verhalten, dessen Entstehung man schon im Welpenalter verhindern kann.
2 Bitten Sie einen radfahrenden Freund, anzuhalten, mit dem Hund zu sprechen und ihm Zeit zu lassen, das unbekannte Ding zu untersuchen. 3 Bitten Sie ihn, das gute Benehmen Ihres Hundes mit einem Leckerchen zu belohnen.

Ein hierbei häufig auftretendes Problem ist, dass der Hund Besucher im Allgemeinen zwar toleriert, aber eine bestimmte Sorte Menschen hasst – zum Beispiel Männer mit Bärten oder in Uniform, mit Motorradhelmen, Turbanen oder Hüten, schwarze Menschen, weiße Menschen und so weiter. Das hat nichts mit Rassismus zu tun, sondern damit, dass der Hund als Welpe diese Kategorie von Menschen nicht kennengelernt hat. Noch ein wichtiger Grund dafür, warum Sie mit Ihrem Welpen herausgehen und Welpenkurse besuchen sollten, an denen viele verschiedene Menschen teilnehmen.

Ich habe schon so manch denkwürdigen Hausbesuch zur Behandlung übertrieben territorialer Hunde hinter mir. Das Problem lässt sich nicht in einer Praxis behandeln, weil es definitionsgemäß eben nur zuhause auftritt. Wir müssen den Besitzern die Trainingstechniken also zuhause zeigen, dort, wo es darauf ankommt. Ausgangspunkt ist, dem Hund Sitz und Bleib an einem bestimmten Ort beizubringen, zum Beispiel auf einer Decke im Flur, von wo aus er die Besucher zur Tür hereinkommen sehen kann, ohne seinen 'sicheren' Platz zu verlassen. Üben Sie die Kommandos 'geh auf deinen Platz' sowie 'Sitz' und 'Bleib' vorher separat. In der Anfangsphase kann es am sichersten sein, den Hund an einen Wandhaken oder schweres Möbelstück anzubinden.

Bellen ist oft eine Schlüsselkomponente in der Spirale von Verhalten, die letztendlich dazu führen, dass der Hund Besucher beißt. Wenn wir das Bellen verhindern können, können wir also auch verhindern, dass er beißt. In Kapitel 5 erfahren Sie etwas über die verschiedenen Techniken zum Abtrainieren des Bellens. Für diesen speziellen Fall empfehle ich aber ein automatisch auslösendes Sprayhalsband, das die Strafe für das Bellen von Ihnen oder der Anwesenheit Ihrer Besucher loslöst.

Der dritte wichtige Weg zur Reduktion von Territorialverhalten ist, für den Hund positive Erfahrungen und Erwartungen mit Besuch in Ihrem Haus zu verknüpfen. Folgende simple Technik habe ich von dem schwedischen Hundepsychologen Anders Hallgren gelernt: Stellen Sie einen Topf mit Leckerchen an die Haustür und hängen eine Notiz daran, dass jeder

1 Wenn Ihr Hund aggressiv zu Besuchern ist, bringen Sie ihm zuerst 'Sitz-Bleib' auf einer Matte im Flur bei, von wo aus er jeden sehen kann, der durch die Tür kommt. 2 Halten Sie einen Leckerchenvorrat bereit und bitten Besucher, dem Hund Futter hinzuwerfen. 3 Wenn Sie sicher sind, dass das gefahrlos geschehen kann, können Sie sie auch aus der Hand füttern lassen. Ihr Hund wird schnell lernen, dass freundliches Verhalten gegenüber Besuchern sich für ihn lohnt.

Besucher bitte welche nehmen und in Richtung des Hundes werfen soll. Später können Sie die Besucher auch bitten, den Hund aus der Hand zu füttern, sobald dies gefahrlos möglich ist. Wichtig für den Hund ist, dass er eher den Besucher anstatt Sie, den Besitzer, mit der Futterbelohnung verknüpft, die es für das Einhalten des Sitz-Bleib auf der Decke in Türnähe gibt.

Die Versuchung, einen Hund festzuhalten oder zu 'beruhigen', der einen Besucher bedroht, ist oft sehr groß. Da Sie nicht möchten, dass Ihr Hund jemand verletzt, packen Sie ihn am Halsband und führen ihn in einen entlegenen Raum, weg vom Problem. Nichts wäre besser geeignet, um das Drohverhalten beim nächsten Mal noch schlimmer zu machen! Erstens wird der Hund für sein Bellen und Knurren damit belohnt, dass Sie körperlichen und stimmlichen Kontakt mit ihm aufnehmen. Dann verknüpft er die Ankunft des Besuchs mit der Strafe, von Ihnen vertrieben zu werden. Ein sehr wirksames Szenario, um aggressives Territorialverhalten zu konditonieren!

Dominante Hunde

Die meisten Hundebisse passieren zuhause und betreffen Familienmitglieder. Wie kommt es nur, dass Ihr bester Freund Ihre Hand beißen kann, die Hand, die ihn füttert? Die Antwort liegt in der Verbindung zwischen sozialen Hierarchien und den Belohnungen, die er durch drohendes anstatt beschwichtigendes Verhalten gegenüber Menschen erhält. Einfach gesagt: Wenn er mit etwas durchkommt und Sie das 'falsche' Thema oder den falschen Moment erwischen, um ihn zu konfrontieren, kann er böse reagieren oder Sie sogar beißen. Das ist kein Ausdruck seiner Gewaltbereitschaft, sondern ein natürlicher, biologischer Prozess, weil Sie es versäumt haben, freundliche und konsequente Regeln aufzustellen, die Sie auch durchsetzen. Anderenfalls setzt sich der Hund gegen Sie durch. Oder wie der britische Verhaltensexperte Colin Tenant sagt: 'Wenn Sie Ihren Hund wie einen Menschen behandeln, wird er Sie wie einen Hund behandeln!'

Die Auffassung von sozialen Hierarchien in der Welt der Hunde habe ich bereits in Kapitel 3 erklärt. In der Praxis gibt es einige einfache Techniken, mit deren Hilfe Sie das Rennen um die Führungsposition gewinnen können. Versuchen Sie nicht zu überstürzt, lang etablierte Dominanzstreitigkeiten zu klären und wenden Sie niemals Gewalt an. Bedenken Sie, dass nicht alle Hunde, die ihre Besitzer beißen, dies aus einem Gefühl der Dominanz heraus tun: Es kann auch andere Gründe wie Angst oder Schmerzen

Kurz gefasst: So wird Ihr Hund netter zu Besuchern

- Bringen Sie dem Welpen soziale Fähigkeiten bei: Er wird sie fürs ganze Leben behalten.
- Legen Sie ihm einen Maulkorb an, wenn auch nur die geringste Verletzungsgefahr für andere besteht.
- Trainieren Sie 'Sitz-bleib' in der Nähe Ihrer Haustür, von wo aus er die Gäste sehen, aber nicht berühren kann. Binden Sie ihn notfalls an.

- Lassen Sie die Besucher Leckerchen füttern.
- Belohnen Sie nicht unabsichtlich das Verhalten, das Sie stört. Arbeiten Sie mit Belohnung und Strafe auf freundlichere und weniger bedrohlichere Verhalten hin.
- Erhalten Sie die sozialen Fähigkeiten Ihres Hundes, indem Sie regelmäßig mit ihm unter Menschen gehen und diese wenn möglich bitten, positiven Kontakt zu ihm aufzunehmen.

Ein eng sitzendes 'Anxiety Wrap' hilft ängstlichen Hunden, sich sicherer zu fühlen.

Hunde mögen Berührung und Körperkontakt. Für Bounce kann es gar nicht kräftig genug sein.

geben. Vielleicht gehen Sie über seine Grenze hinaus, wenn Sie seine Krallen schneiden oder ihn festhalten, um eine Verletzung zu versorgen. Selbst in diesen Fällen sollte fairer, aber konsequenter Umgang Ihnen aber die Autorität verschaffen, unangenehme, aber notwendige Prozeduren durchzusetzen.

Um einem Hund (und auch Menschen)

Sowohl Wissenschaftler als auch Verhaltenstherapeuten wissen, nach welchen Regeln Dominanzmanagement bei Hunden funktioniert. Wahrscheinlich wird aber nur manches davon für Ihre Situation relevant sein, und wenn Sie ein Problem mit einem Hund haben, der Sie bedroht oder beißt, sollten Sie die Hilfe eines Profis in Anspruch nehmen. Ganz sicher

'Sie müssen kein Despot sein, sondern ruhig und konsequent und sich nicht manipulieren lassen.'

gegenüber die Führungsrolle zu übernehmen, müssen Sie kein Despot sein, sondern eher jemand, der ruhig und konsequent ist und sich nicht leicht manipulieren lässt. Wir alle wissen, wie clever Hunde darin sind, das letzte vergessene Krümelchen von Ihrem Teller zu starren, Sie mit Winseln morgens aus dem Bett zu bringen oder nicht auf Ihren Rückruf zu hören, weil es mehr Spaß macht, Eichhörnchen zu jagen oder Sie den Ball fangen zu lassen. Das alles sind kleine, aber deutliche Anzeichen dafür, dass Ihr Hund mit Ihnen Spielchen spielt. Nicht gut!

rate ich Ihnen nicht dazu, körperlich grobe, konfrontative Handlungen wie die sogenannte 'Alphawurf-Technik' anzuwenden, die von einem gewissen Fernsehtrainer propagiert wird oder Hunde an Würgehalsbändern aufzuhängen, bis sie endlich nachgeben.

Solche Grausamkeiten können nur das Vertrauen Ihres Hundes in die Menschen zerstören und dazu führen, dass Sie oder andere gebissen werden.

Gehen Sie stattdessen lieber nach der Mugford-Methode vor, um die Kontrolle über Ihren Hund zurückzugewinnen.

Es sollte nichts umsonst geben: Verlangen Sie mindestens 'Sitz', bevor Sie Ihren Hund füttern.

'Es gibt nichts umsonst'

Achten Sie darauf, dass alles, was der Hund haben möchte, sei es Futter, Spaß, Spaziergänge oder Kontakt mit anderen Hunden, mindestens mit einem Sitz-Bleib verdient wird und dass Sie Ort und Zeit für diese Schlüsselressourcen bestimmen, nicht er.

Passen Sie auf, dass Sie nicht unabsichtlich die unerwünschten, manipulativen Verhaltensweisen belohnen, die Hunde so clever und beharrlich zeigen können. Wenn er zum Beispiel ein Tänzchen an der Haustür oder der Stelle, wo seine Leine hängt, aufführt, können Sie sicher davon ausgehen, dass er hinausmöchte. Geben Sie nicht nach! Legen Sie den Spaziergang lieber so, dass er mit einer Zeit zusammenfällt, in der Ihr Hund ruhig ist und vielleicht einem Sitz-Bleib gehorcht. Lassen Sie auch nicht zu, dass er Futter als etwas Selbstverständliches hinnimmt: auch dafür sollte er 'arbeiten'. Falls nötig, können Sie ihm mehrere kleine Portionen über den Tag füttern, sodass jede eine kleine Lerngelegenheit dafür bietet, wer letztendlich die Kontrolle über diese wichtige Ressource hat.

Wenn Sie ein Kommando geben, setzen Sie es auch durch. Falls Sie das nicht können (weil er zum Beispiel draußen schon zu weit weggerannt ist), bleiben Sie still. Warten Sie, bis Sie in der Lage sind, das Kommando 'hier' auch irgendwie durchzusetzen. Eine lange Schleppleine oder eine Hausleine kann ein entscheidendes Hilfsmittel dafür sein, Ihren Kontrollanspruch durchzusetzen.

Vom Fußboden aus erhöht gelegene Plätze und Zugang zu bequemen Orten wie Sofa oder Bett sind ein massives Privileg für Hunde. Es ist

1 Ein Welpe, der das Teilen nicht gelernt hat (etwa, weil er zu früh von seinen Geschwistern getrennt wurde), gibt sein Spielzeug vielleicht nicht gerne her. 2 Bieten Sie ihm einen Tausch an, damit er loslässt. Bleiben Sie immer freundlich und geduldig, aber machen Sie klar, wer das Sagen hat. 3 Belohnen Sie ihn mit einem Leckerchen, wenn er es hergibt.

vollkommen natürlich (und ich finde es auch eher nett), dass Hunde gern bei oder gar auf uns liegen möchten, aber es ist eben ein Privileg und kein Recht. Sie müssen jederzeit 'nein' oder 'runter' sagen können.

Die Umsetzung konsequenter Regeln ist sehr wichtig. Eine davon könnte zum Beispiel sein, dass der Hund auf Treppen nicht an Ihnen vorbeidrängelt, sondern hinter Ihnen bleibt. Oder vielleicht, dass er von Zeit zu Zeit sein Lieblingsspielzeug an Sie abgeben muss.

Ihr Tonfall beim Geben von Kommandos kann sehr wichtig sein. Oft wird behauptet, Männer könnten besser mit Hunden umgehen als Frauen. Ich bin nicht dieser Meinung, aber in den seltenen Fällen, wo es wirklich so zu sein scheint, hat es meistens mit der Stimme zu tun. Frauenstimmen sind höher und haben seltener die intensive, etwas einschüchternde Modulation von Männerstimmen. Natürlich gibt es Ausnahmen, aber ein guter 'Anschiss' kann sich als hilfreich erweisen, wenn ein Hund wirklich

> ### Kastration!
>
> Sieben von zehn zuhause stattfindende Hundebisse stammen von Rüden. Eine Kastration macht den Umgang mit ihnen weniger stressig. Ein kastrierter Hund muss nicht langweilig sein, und der Wegfall des Testosterons kann viele positive Auswirkungen auf das Verhalten haben.

einmal ernsthaft aus der Rolle fällt.

Und letztlich ist wichtig, wie die Erziehung zur Gehorsamkeit umgesetzt wird. Wählen Sie Hundeschulen oder Trainer, die mit einer ausgewogenen Herangehensweise arbeiten: Positive Ergebnisse müssen belohnt werden, aber wahren Sie sich auch die Option für zeitlich genau sitzende Strafen, falls der Hund lieber seiner eigenen Nase folgt, als Ihren Wünschen nachzukommen.

'Die meisten Hunde sind die meiste Zeit über friedliche Geschöpfe, die ihre gegenseitige Gesellschaft genießen.'

Kurz gefasst: So bleiben Sie der Chef

- Machen Sie jederzeit klar, dass Sie das Sagen haben. Lassen Sie Ihren Hund für Futter und Spaziergänge 'arbeiten'.
- Geben Sie kein Kommando, das Sie nicht durchsetzen können.
- Ziehen Sie bei einem allzu selbstbewussten Rüden die Kastration in Betracht.
- Seien Sie klar und konsequent. Kombinieren Sie Belohnung und Strafe, um die gewünschten Verhalten zu bekommen.

Hund-zu-Hund Aggression

Für Hunde ist es natürlich, miteinander zu kämpfen, denn das ist der Weg, wie sie um Ressourcen wie Platz, Futter und Geschlechtspartner konkurrieren. Bemerkenswert ist aber, dass die meisten Hunde die meiste Zeit über friedliche Geschöpfe sind, die ihre gegenseitige Gesellschaft genießen. Nur bei einigen wenigen ist das anders: Sie greifen andere Hunde lieber an oder wehren sich, wenn sie sich bedroht fühlen. Das ist ein normaler biologischer Prozess, der in früheren Zeiten vermutlich nie als 'Verhaltensproblem' betrachtet worden wäre. Es ist aber ein Problem,

Alte Hunde lassen sich von Welpen oft mehr
Aufdringlichkeiten gefallen als von Erwachsenen.

eine starke Hormonbeteiligung am Verhalten
nahelegt. Ein Rüde kann den hormonellen und
höchstwahrscheinlich auch sozialen Status eines
anderen Rüden an den chemischen Inhaltsstoffen
von dessen Urin, Atem oder Talgdrüsen auf
der Haut erkennen. Eine Kastration, die
den Spiegel von Testosteron und anderen
Hormonen verringert, senkt deshalb nicht nur
die Motivation zum Raufen, sondern auch die
Wahrscheinlichkeit dafür, von anderen Rüden
angegriffen zu werden.

Hunde lernen sozialen Umgang miteinander
im Spiel, was einmal mehr verdeutlicht, wie
wichtig frühe Sozialisation mit Hunden vieler
verschiedener Rassen und Größen ist. Spiel
ist der beste Vermittler, und auch wenn es
manchmal grob aussieht, hat es für Hunde
hohen therapeutischen Wert und sollte ihnen in
der Regel selbst überlassen werden.

Was aber, wenn Ihr Hund den entscheidenden
Schritt vom wettkämpferischen Spiel zu
gewalttätigem, Verletzungen verursachenden

weil sowohl Hunde als auch unabsichtlich in den
Kampf verwickelte Menschen verletzt werden
können. Der meiner Erfahrung nach häufigste
Grund, warum Hundehalter in England wegen
eines 'gefährlichen Hundes' angezeigt werden,
ist, dass jemand unklugerweise versucht hat, sich
in eine Rauferei unter Hunden einzumischen.
Rüden raufen viel eher als Hündinnen, was

Konkurrenz unter
Hunden um ein
Spielzeug oder einen
Knochen ist ein Hinweis
auf die relative soziale
Hierarchie. Eine
sich ändernde oder
umstrittene Rangfolge
kann Kämpfe mit sich
bringen, aus denen man
sich besser heraushält.

Kampf macht? Ich bin auf einer Farm großgeworden, wo sich immer viele Hunde aus dem nahegelegenen Dorf einfanden. Sie konnten gefahrlos umherstreunen und Raufereien unter Hunden waren nur gelegentlich ein Anlass schwachen Interesses für die Dorfbevölkerung. Normalerweise ließ man die Hunde ihre Rangstreitigkeiten unter sich ausmachen. Gelegentlich schüttete jemand einen Eimer kaltes Wasser über sie, aber ich kann mich an keinen einzigen Vorfall erinnern, in dem Hunde in solchen Raufereien ernsthaft verletzt oder getötet wurden. In den ländlichen und weniger entwickelten Gebieten von Asien, Afrika oder Südamerika ist das heute noch so: Die Hunde streunen frei umher, treffen sich und bewahren sich ihre sozialen Fähigkeiten, anstatt sich auf tödliche Kämpfe einzulassen.

'Ihre eigene Körpersprache und was Sie tun ist bei Begegnungen mit anderen Hunden entscheidend.'

Bei uns sieht das heute ganz anders aus, wo Hunde fast immer unter Kontrolle und angeleint sein müssen. Sie haben keine Möglichkeit mehr, uneingeschränkten Kontakt zu anderen Hunden aufzunehmen, was zu einer merklichen Verschlechterung ihrer sozialen Fähigkeiten geführt hat. Diese wieder zu verbessern ist das Hauptziel des nachfolgend beschriebenen Therapieprogramms.

Was zu tun ist

Schreiben Sie zuerst eine Liste derjenigen Hunde auf, die Ihr Hund nicht mag. Sind sie in Geschlecht, Größe oder Farbe unterschiedlich? Sehr oft sind Hunde eines bestimmten Typs, zum Beispiel Boxer mit ihren eckigen Schädeln,

schwarze Labradore, sehr große oder sehr kleine Hunde das Ziel. Natürlich ist es nicht der Fehler dieser Opferhunde, ein bestimmtes Aussehen oder eine bestimmte Rasse zu haben, aber seien Sie auf Probleme vorbereitet. Investieren Sie in einen Maulkorb und eine lange Leine, damit Sie Ihren Hund auch auf Entfernung kontrollieren können und mit dem sicheren Gefühl auf andere Hunde zugehen können, dass Sie einen Kampf jederzeit unterbrechen können.

Wenn Sie sich mit Ihrem Hund anderen Hunden nähern, sind Ihre Körpersprache, was Sie sagen und was Sie tun von entscheidender Bedeutung. Höchstwahrscheinlich benutzt er Sie als Grund dafür, einen Kampf zu beginnen – Sie sind die wichtigste Ressource in seiner Welt, und je dichter er bei Ihnen ist und je kürzer die Leine ist, desto mehr betrachtet er den anderen Hund als etwas, das vertrieben werden muss.

Um dieses Problem zu lösen, brauchen Sie die Hilfe anderer Hundebesitzer. Unfair wäre es, sich dazu einfach ungefragt des nächstbesten Hundes im Park zu bedienen, denn jede Bedrohung oder mögliche Verletzung kann einen Ansteckungseffekt haben: Ihre Sorglosigkeit könnte das Opfer zu einem weiteren sozial unsicheren Raufer machen.

Der Austausch von Signalen zwischen diesen beiden Freunden findet zu schnell für das menschliche Auge statt.

Beim Training aggressiver Hunde ist die Sicherheit oberstes Gebot wie hier bei Charlie mit Halti und zusätzlich am Halsband eingehängter Leine.

Kurz gefasst: Raufereien vermeiden

- Führen Sie Ihren potenziell gefährlichen Hund mit Maulkorb und Schleppleine, sodass Sie ihn auch auf Entfernung kontrollieren können.
- Üben Sie mit einem gut informierten Freund oder Hundetrainer, anstatt Ihren Hund frei mit fremden Hunden laufen zu lassen.
- Belohnen Sie ihn dafür, dass er nicht aggressiv ist, wenn andere Hunde sich nähern.
- Benutzen Sie Kopfhalfter und Geschirr, damit Sie ein aggressives Vorstürzen in eine verletzliche Seitwärtsposition verwandeln können.
- Belohnung und Strafe: Nehmen Sie einen Pet Corrector für den Fall mit, dass etwas schiefgeht, aber auch genug Leckerchen, um jeden Erfolg belohnen zu können und Ihren Hund mit anderen Freundschaft schließen zu lassen.

Halten Sie Abstand

Probieren Sie mit einem gut instruierten Freund oder einem Hundetrainer aus, wie nahe Ihr Hund an den anderen herankann, bevor er sich aufzuregen beginnt. Die offensichtlichen Anzeichen dafür sind gesträubte Nackenhaare, eine nach oben gerichtete Rute, anhaltender drohender Blickkontakt und Knurren, bevor er zum Angriff startet. Wenn es so weit kommt, haben Sie die Situation falsch eingeschätzt und sind zu nahe herangegangen. Arbeiten Sie in der Entfernung, in der Ihr Hund entspannt bleibt. Das können hundert Meter, aber auch viel weniger sein. Zeigt Ihr Hund klare Signale für seine Absichten, oder sind diese gestört? Bei manchen Rassen (zum Beispiel echten Pit Bulls) hat es eine Selektion zugunsten unterdrückter oder gestörter Körpersignale gegeben und die Angriffsabsicht wurde durch eine lauernde Abwartehaltung ersetzt, der ein plötzliches Losschlagen folgt. In der populären Hundeliteratur wird dieses Phänomen manchmal als 'Beutetrieb' beschrieben, wobei Hunde (und oft sind es Bull-Rassen) plötzlich von passiven oder spielerischen Interaktionen mit anderen Hunden auf scheinbar grundlosen

Angriff umschalten. Der Begriff 'Beutetrieb' hat aber in diesem Zusammenhang keine ernsthaften wissenschaftlichen Anhänger und ich kenne keinen Hund, der einen anderen Hund als Beute zum Fressen betrachten würde!

Die Kontrolle der Entfernung zwischen Ihnen und dem 'Übungshund' ist ein entscheidender Teil des Trainingsprozesses. Wenn Sie zu schnell zu nah gehen, können Sie seine Duldungssignale nicht belohnen. Belohnungen sind in solchen Fällen hilfreicher, als wenn Sie dramatisch eingreifen und Ihren Hund für gezeigte Aggressionen bestrafen müssen.

Kämpfe beenden

Es kann aber Momente geben, in denen die Dinge außer Kontrolle geraten. Dann kann es nötig werden, die Kämpfer voneinander zu trennen. Mein bevorzugtes Hilfsmittel ist das Zischgeräusch von einem Pet Corrector (s.S. 89). Aber auch vorsichtiges Lenken von Kopf und Körper des Hundes kann eine hilfreiche Strafe sein, um Kämpfe zu vermeiden. Das Halti ermöglicht es dem Trainer, den Hundekopf zur Seite zu lenken, sodass er nicht nach vorn ziehen kann. Wenn Sie es mit einem Geschirr kombinieren, können Sie Kopf und Körper des Hundes kontrollieren, sodass er sich überraschend in einer Seitwärtsposition wiederfindet, anstatt sich nach vorn stürzen zu können. Am besten üben Sie diese wichtige Technik mit einem Hundetrainer und einem unerschütterlichen zweiten Hund, der sich durch Bedrohungen nicht aus der Ruhe bringen lässt.

Erfolg!

Das Ziel ist, dass Ihr Hund unangeleint in Gesellschaft anderer Hunde laufen kann. Wenn Sie mit der engen Kontrolle in der Nähe anderer Hunde Fortschritte gemacht haben, können Sie die Schleppleine so loslassen, dass er sie beim Gehen hinter sich herzieht. Den Maulkorb behält er weiterhin an. Lassen Sie zu, dass er sich anderen Hunden nähert und relativ freien Kontakt mit ihnen hat, aber bleiben Sie nah genug, um die Leine packen zu können, falls es irgendwie nach einem drohenden Angriff seinerseits aussieht.

Wenn die Häufigkeit der Drohungen abnimmt und das Risiko für Kämpfe klein ist, kommt vielleicht irgendwann eine Zeit, wenn Sie darüber nachdenken können, Schleppleine und Maulkorb ganz wegzulassen. Das ist aber ein großer Schritt und Sie müssen sicher sein können, dass Ihr Hund wirklich keine Gefahr für andere mehr darstellt. Ein ferngesteuertes Sprayhalsband kann für die nötige Kontrolle auf Entfernung sorgen.

Jagen von Nutztieren

Was könnte natürlicher sein als Hunde, die jagen? Im Kopf eines Hundes geht es beim Jagen um Nahrungsbeschaffung und den Spaß an der Verfolgung. Mit Aggressionsverhalten hat dies nichts zu tun. Die Strafen für Hunde, die Nutztiere jagen oder töten, können aber hart sein. In England ist es einem Farmer gesetzlich

Eine große Kuh schüchtert einen Möchtegern-Hütehund wie Buttons dann doch schon einmal ein.

Neugier gegenüber unbekannten Tierarten ist verständlich. Eine lange Leine ist ratsam.

erlaubt, einen Hund zu erschießen, den er beim Jagen seiner Nutztiere erwischt. Dabei werden Schafe am häufigsten von Stadt- und Vorstadthunden attackiert. In einer Umfrage, die ich einmal in einem ländlichen Gebiet Englands durchführte, waren es aber zum allergrößten Teil gelangweilte Hofcollies, die für tödliche Angriffe auf Schafe verantwortlich waren. Die Umerziehung von Hunden, die Nutzvieh jagen, hat zu lebhaftem Streit zwischen den Befürwortern rein belohnungsbasierten Trainings und Menschen wie mir geführt, die hierin eine perfekte Gelegenheit sehen, zeitgenau und sorgfältig mit Strafe und anschließender Belohnung für den Gehorsam zu arbeiten. Meiner Meinung nach muss es eine Strafe für dieses sehr natürliche Verhalten geben und eine Belohnung für das Zeigen eines Alternativverhaltens. Zum Glück ist es relativ einfach, einem Hund das Jagen von Vieh abzugewöhnen und noch einfacher, es beim Welpen gleich von vornherein zu unterbinden. Wie immer ist auch hier Vorbeugung besser als Heilen.

Auf unserer Farm gibt es einige handaufgezogene Schafe, die mit Hunden aufgewachsen sind und keine Angst vor ihnen zeigen. Besonders zwei von ihnen, Horny und Fluffy, scheinen die Gelegenheit zur Verfolgung und Bestrafung von Möchtgern-Schafsjägern sehr zu genießen. Ich gehe gerne mit Welpen zu meinen Schafen, die dann in Erwartung von Futterausteilung in Richtung Hunde ausschwärmen und wissen, dass sie die Welpen zur Seite schubsen können, wenn sie im Weg sind. Die Welpen lernen dabei, dass Schafe nicht immer weglaufen, sondern große, stark riechende und manchmal einschüchternde Wesen sind, denen man besser aus dem Weg geht.

Falls ein Welpe mit dem Jagen beginnt, werfe ich eine Rappeldose neben ihn (s. Kap. 3), wenn das Timing stimmt, ist die Wirkung

Kurz gefasst: Keine anderen Tiere jagen

- Machen Sie den Welpen oder Hund möglichst mit Tieren bekannt, die keine Angst vor ihm haben – er wird lernen, ihnen gegenüber vorsichtig zu sein.
- Wenden Sie passende Strafen wie Rappeldose oder Sprayhalsband an.
- Wenn alles andere nicht hilft, vermeiden Sie Begegnungen mit Nutztieren oder halten Sie Ihren Hund unter enger Kontrolle.

Die im richtigen Moment geworfene Rappeldose unterbricht den hühnerjagenden Welpen.

erstaunlich. Dies ist auch ein gutes Beispiel für funktionierendes Lernen an einem einzigen Versuch: Eine einzige deutliche Strafe kann bei diesem Phänomen das Verhalten des Hundes zum Guten verändern. Es funktioniert so ähnlich wie bei einem Kind, das durch einmaliges Anfassen und schmerzhaftes Verbrennen lernt, heiße Herdplatten künftig zu meiden.

Wenn Sie keine so zahmen Schafe zur Verfügung haben wie die von mir beschriebenen, liegt es an Ihnen als verantwortungsvollem Hundehalter, Gebiete zu meiden, in denen Nutztiere gehalten werden.

Der Schlüssel zur Behandlung eines hartgesottenen Nutzvieh-Jägers ist, dass er die Strafe mit dem Beutetier (egal ob Schaf, Geflügel, Rinder oder Pferde) anstatt mit dem Trainer oder Besitzer in Verbindung bringt. Viele benutzen in dieser Situation ein Elektroschock-Halsband, aber meiner Meinung nach ist diese extrem aversive Methode nicht gerechtfertigt. Eine gute, humanere Alternative sind ferngesteuerte Sprayhalsbändern (s. Kap. 3). Meine Technik dabei ist, mit dem Hund an lockerer Schleppleine an Schafen oder zahmen Hühnern vorbeizugehen. Halten Sie sich bereit, den Auslöser in genau dem Moment zu betätigen, in dem Ihr Hund auf das Vieh zuläuft oder ihm sehr nah kommt (bis auf etwa einen Meter). Wahrscheinlich ist er nun überrascht und ein bisschen gestresst – also rufen Sie ihn zu sich zurück, loben, belohnen und trösten ihn. Geben Sie ihm Leckerchen fürs Hören auf Ihr Rückrufkommando. Wiederholen Sie das

sehr oft. Wenn das Timing stimmt, sind meiner Erfahrung nach nicht mehr als drei solcher Lektionen nötig, um eine bleibende Aversion gegenüber der betreffenden Tierart zu schaffen. Oft beschränkt sich diese Aversion aber auf den spezifischen Kontext und den Ort, an dem das Training durchgeführt wurde. Sie müssen die Lektion deshalb vermutlich an anderen Orten und mit verschiedenen Tieren wiederholen. Anderenfalls wird Ihr Hund denken, dass Nutzvieh gefährlich ist und gemieden werden muss, aber nur am Ort X, nicht an Y und Z.

Übermäßige Bindung

Von der Häufigkeit her kommen in meiner Praxis gleich nach den beißenden und raufenden Hunden solche, die übermäßig stark an ihren Besitzern hängen und diese zu sehr lieben. Auch das ist ein natürliches Phänomen, das wir selbst gefördert haben, das uns aber dann zuviel wird. Eigentlich gibt es doch nichts Schöneres als einen Hund, der uns bewundert, jeden unserer Schritte bewacht und immer zur Stelle ist, um Aufmerksamkeit zu geben und

Ein übermäßig an seinen Besitzer gebundener Hund leidet beim Alleinsein unter Stress.

Zerbeißen und Zerkratzen von Dingen sind nur Symptome dieses Stresses.

Die erste Nacht im neuen Zuhause: Den Welpen die ganze Nacht jammern lassen oder ihn ans Bett nehmen?

Diesem Dilemma müssen wir uns stellen, wenn wir einen Welpen vom Züchter holen, wo er ständig in Gesellschaft seiner Mutter und Geschwister war. Jetzt ist er plötzlich allein und verlassen im Erdgeschoss, während die Menschen weggegangen und all die vertrauten Gerüche und Geräusche seines früheren Lebens verschwunden sind.

Ich habe keinen Zweifel daran, dass Alleingelassenwerden für einen Welpen, der üblicherweise im Alter von 7 bis 12 Wochen verkauft wird, ein traumatisches Erlebnis ist. Es ist fast unmöglich, Welpen in so jungem Alter fürs Alleinsein zu trainieren, weshalb ich empfehle, dass Sie einen neu erworbenen Welpen für die ersten Wochen mit zu sich ins Schlafzimmer nehmen. Kaufen Sie eine Hundebox, die neben Ihr Bett passt, sodass er möglichst nah bei Ihnen ist. Genauso wenig wie wir einen schreienden Säugling die ganze Nacht allein lassen würden, ohne ihn zu trösten, sollten wir es auch nicht mit einem Welpen tun. Meiner Erfahrung nach ist 'da muss er durch, lassen

Sie ihn jammern und drehen Sie sich um' nicht die beste Methode, um langfristig eine gute und vertrauensvolle Beziehung zwischen einem Welpen und seinen neuen Besitzern zu schaffen.

Mit etwa 15 Wochen wird Ihr Welpe allmählich reifer und Sie können ihn langsam aus dem Schlafzimmer hinaus erst in den Flur, dann ins Erdgeschoss und dann die Küche oder wo auch immer Sie ihn haben möchten verfrachten. Gehen Sie dabei aber unbedingt systematisch und schrittweise vor, damit der Welpe lernt, dass es nicht das Ende der Welt bedeutet, wenn er keinen direkten menschlichen Kontakt mehr hat.

Glücklicher ist der Welpe, wenn er in den ersten Wochen im neuen Heim in Ihrer Nähe schlafen darf.

zu nehmen. Leider kann diese Hingabe aber auch zu größeren Problemen führen, wenn Sie und Ihr Hund sich einmal trennen müssen. Die Symptome können verschieden sein: Der Hund zerstört Einrichtungsgegenstände, wenn er allein ist, uriniert ins Haus oder sieht einfach nur gestresst und einsam aus. Ursache und Behandlung sind aber bei all diesen unterschiedlich erscheinenden Auswirkungen gleich.

Der Vorgang, wie sich Hunde an Menschen binden, ist gut untersucht und geht bei Welpen ganz ähnlich vor sich wie bei Kindern und ihren

Müttern. Wir finden Welpen so niedlich, dass wir kaum die Finger von ihnen lassen können. Wir müssen sie einfach knuddeln und verwöhnen, jedes Zeichen ihrer Zuneigung, Abhängigkeit von uns und ihrer Verletzlichkeit belohnen. In dieser Zeit legen wir das Fundament für die Beziehung des erwachsenen Hundes zu uns und auch die wahrscheinliche Reaktion auf Trennung von uns. Ihre Liebe zum Welpen ist etwas, das Sie mit Maß und Disziplin austeilen müssen. Welpen lernen schnell, wie sie uns manipulieren können: achten Sie deshalb bewusst auf ihre niedlichen Forderungen und üben Sie von Anfang an eine gewisse Kontrolle aus. Gewöhnen Sie ihn insbesondere daran, für kurze Zeiträume allein zu bleiben. Der gleiche Prozess allmählicher Trennung vom Menschen ist auch später beim jugendlichen und erwachsenen Hund der richtige Weg. Immer wieder sehe ich Hunde, die ständig und überall bei ihren Menschen sind, bis die Familie einmal ausgeht und den Hund alleine lässt.

Falls sich Ihre Nachbarn darüber beschweren, dass der Hund heult, wenn Sie weg sind oder Sie feststellen, dass er systematisch die Farbe von der Tür kratzt, um einen Weg hinaus und zu Ihnen zu finden, rate ich Ihnen zur Durchführung des folgenden Desensibilisierungsprogramms:

Bestrafen Sie Ihren Hund niemals, wenn Sie beim Nachhausekommen Schäden vorfinden oder Beschwerden über das Bellen hören. Er wird jede Strafe falsch deuten, weil sie erst lange nach dem Zeigen des unerwünschten Verhaltens stattfindet.

Ihr Hund befindet sich in einem Zustand von Angst oder sogar Panik. Bevor Sie ihn alleinlassen, behandeln Sie ihn so wie zuvor für den ängstlichen Hund empfohlen (s.S. 104), einschließlich Anxiety Wrap und anderen Maßnahmen, die beruhigend auf ihn wirken. Versuchen Sie es mit Abdunkeln des Raums durch Zuziehen der Vorhänge oder geben Sie nachweislich wirksame Mittel aus Homöopathie oder Kräutern.

Machen Sie im Moment des Abschieds von Ihrem Hund kein Aufhebens, sondern gehen Sie einfach kaltherzig. Viele von uns geben ihren Hunden vor dem Weggehen übermäßig viel Aufmerksamkeit und verstärken damit bei ihnen das Gefühl des Zurückgelassenwerdens.

Versuchen Sie Dinge, Gerüche oder Geräusche zurückzulassen, die der Hund mit Ihnen verbindet. Sie können Radio oder Fernseher anlassen oder ihm ein paar ungewaschene Kleidungsstücke von sich geben, auf die er sich legen und vielleicht von Ihnen träumen kann.

Besitzer mit fest geregeltem Tagesablauf haben es meist schwieriger, mit den Trennungsproblemen ihres Hundes umzugehen. Idealerweise sollte Ihr Hund nie genau wissen, ob Sie nur für ein paar Minuten oder für mehrere Stunden weggehen. Sie könnten zum Beispiel manchmal das Haus in Arbeitskleidung verlassen, obwohl Sie gar nicht zur Arbeit gehen oder umgekehrt in Freizeitkleidung zur Arbeit gehen, als ob Sie nur eine kurze Einkaufstour machen würden. Verlassen Sie das Haus auf verschiedenen Wegen – vielleicht auch mal durchs Fenster, wenn es hilft, den Hund im

Wenn Sie Ihren Hund alleinlassen, geben Sie ihm ein mit Futter gefülltes Spielzeug zur Beschäftigung.

Ein 'Pipipad' kann bei der Erziehung zur Stubenreinheit nützlich sein. 1 Lassen Sie Ihren Welpen daran schnüffeln und es untersuchen.

2 Belohnen Sie ihn fürs Pipimachen auf der Matte. Praktisch, wenn man in einer Wohnung lebt und den Hund nicht jedes Mal hinausbringen kann, wenn er mal muss.

Unklaren zu lassen! Parken Sie das Auto nicht immer direkt vor dem Haus, sondern auch manchmal um die Ecke, wo er es nicht hören kann. Klappern Sie nicht immer mit Haus- oder Autoschlüsseln und spulen Sie nicht immer das gleiche Ritual beim Weggehen ab wie Jacke anziehen, Alarmanlage einstellen und so weiter.

Wenn Sie Ihren Hund länger alleine lassen müssen und sich niemand um ihn kümmern kann, machen Sie ihn vorher mit einer Stunde Spazierengehen oder Spielen müde.

Befüllbare Futterspielzeuge können hilfreich sein, um den Hund abzulenken. Besonders ideal sind sie für Labradore, deren Fresstrieb meist größer ist als die Sehnsucht nach menschlicher Gesellschaft. Es gibt verschiedene Modelle auf dem Markt, bei denen der Hund Zeit und Mühe investieren muss, um an das Futter heranzukommen. Aber Achtung, viele davon machen Krach und könnten Ihre Nachbarn belästigen, wenn Sie in einem hellhörigen Mietshaus wohnen. Alternativen zum Alleinlassen des Hundes zuhause besprechen wir in Kapitel 8. Was immer Sie tun, wirklich wichtig ist, dass Sie ein Bindungsproblem nicht als 'Syndrom' oder etwas Unnormales betrachten. In der tiermedizinischen Fachliteratur wird es manchmal als 'Hyperbindungs-Syndrom' bezeichnet, was meiner Meinung nach völlig falsch ist. Unsichere Hunde lieben Menschen einfach zu sehr und vielleicht mehr, als wir es verdienen.

Kurz gefasst: Stubenreinheit

- Bringen Sie Ihrem Welpen bei, immer auf die gleiche Stelle zu machen.
- Füttern Sie ihn morgens, damit er tagsüber muss anstatt nachts.
- Führen Sie ein Signalwort fürs Lösen ein und belohnen ihn, wenn er an der richtigen Stelle macht.

Stubenreinheit

Ständiges Verunreinigen des Hauses kann wegen der Hygieneprobleme ein echter Albtraum für Besitzer sein. Hinzu kommen die Kosten für neue Teppiche, das ständige Putzen oder die peinlichen Kommentare von Gästen über den Geruch im Haus ...

Übrigens gibt es einige interessante nationale Unterschiede im Umgang mit diesem Problem: In Japan und vielen anderen asiatischen Ländern hält man Hunde eher die meiste Zeit im Haus oder in geschlossenen Höfen und bringt ihnen bei, ihr Geschäft dort in bestimmten Bereichen zu verrichten, während die meisten Europäer und Nordamerikaner von ihren Hunden erwarten, dass sie das draußen im Garten oder auf dem Spaziergang erledigen.

Ort und sogar Zeit, wo Hunde Urin und Kot absetzen, sind zum Glück sehr gut durch Belohnungen (und weniger durch Strafe) beeinflussbar. Welpen werden in dieser Hinsicht stark von ihrer Mutter beeinflusst und machen in der Nähe der Stelle, wo auch sie sich gelöst hat. Wenn ein Welpe zu Ihnen ins Haus kommt, können Sie ihn zu einem für diesen Zweck bestimmten Platz oder Untergrund führen. In den USA sind käuflich erhältliche 'Pipipads' recht beliebt, in Europa ist es eher üblich, den Welpen das Herausgehen beizubringen.

Wichtig ist Konsequenz: Sie müssen immer bereit sein, den Welpen zu unterbrechen, wenn er sich zum Pinkeln an der 'falschen' Stelle anschickt und ihn stattdessen zum 'richtigen' Ort bringen, egal ob der drinnen oder draußen liegt. Verbinden Sie dann den Akt des Lösens mit einem einfachen Wortkommando.

Viele Besitzer möchten gern, dass ihr Hund immer zu einer bestimmten Zeit an einer bestimmten Stelle macht. Das kann unrealistisch sein, weil genau wie bei uns Menschen viel davon abhängt, wann und was wir essen und wie körperlich aktiv wir sind. Fast immer steht aber morgens ein größeres Geschäft an, sodass frühes Aufstehen hilft, 'Pannen' im Haus zu vermeiden. Füttern am Morgen führt in der Regel zum Lösen tagsüber, während spät abendliches Füttern zu mehr Trinken und damit möglicher Inkontinenz über Nacht führt.

Besitzer unkastrierter Rüden können ein Problem mit Markieren im Haus haben, wobei der Hund kleine Urinmengen an senkrechte Flächen oder Möbelecken verspritzt. Besonders oft kommt das bei kleinen Hunden vor, und zwar vor allem dann, wenn sie ein fremdes Haus besuchen. Die ultimative Lösung ist eine Kastration, aber davon abgesehen ist es wichtig, den Geruch früherer Urinmarken sorgfältig mit speziellen Reinigungsmitteln zu entfernen (s.S. 88).

Koprophagie

Dies ist der Fachbegriff für das Fressen von Kot, über das sich Hundebesitzer häufig beschweren und das vor allem bei in Zwingern gehaltenen Hunden auftritt. Trotz zahlreicher wissenschaftlicher Studien ist es bisher nicht gelungen, eine klare Erklärung für dieses Verhalten zu liefern: der wahrscheinlichste Grund ist aber, dass der Hund Hunger hat und zusätzliche Kalorien aus dem (relativ) hohen Fettgehalt in Hundekot aufnimmt.

Der beste Weg zur Lösung dieses Problems ist deshalb, dem Hund ein rohfaserreiches Futter zu geben, das ihm ein Sättegefühl verschafft. Trockenfutter hat meist einen höheren Rohfasergehalt als Dosenfutter oder rohes Fleisch, die Inhaltsangabe auf der Packung gibt hierüber Aufschluss. Der Rohfasergehalt kann von einer Futtermarke zu anderen enorm schwanken. Wenn das Lieblingsfutter Ihres Hundes nicht sehr viel Rohfaser enthält, können Sie es mit Gemüse oder gekochten Kleieflocken aufwerten.

Kurz gefasst: Das kann man gegen Kotfressen tun

- Geben Sie rohfaserreiches Futter für eine bessere Sättigung und experimentieren Sie mit Futtern verschiedener Hersteller oder selbst zubereitetem.
- Setzen Sie ein ferngesteuertes Sprayhalsband ein, wenn er draußen den Kot anderer Hunde zu fressen versucht.

Eine Alternative, die oft gut bei meinen Koprophagie-Patienten gewirkt hat, war die Umstellung auf die sogenannte BARF – oder Rohfütterung, die ich im nächsten Kapitel genauer beschreiben werde.

Vielleicht frisst Ihr Hund gelegentlich die Hinterlassenschaften anderer Hunde, aber nicht seine eigenen. Dieses Problem rechtfertigt den Einsatz von Strafe in Form eines ferngesteuerten Sprayhalsbandes wie des in Frankreich hergestellten Master Plus. Wie immer ist auch hier gutes Timing entscheidend. Wichtig ist auch, dass Sie selbst still bleiben und in den Augen des Hundes nicht als Verursacher der Strafe erscheinen.

Vor allem: Nicht verzweifeln!

In diesem Kapitel habe ich Ihnen die häufigsten und schwersten Verhaltensprobleme vorgestellt, wegen derer Kunden mich oft um Rat fragen. Vielleicht sind Sie gerade ein bisschen stolz, dass Ihr Hund so schreckliche Dinge wie Besucher beißen, Tiere jagen oder Wohnungseinrichtung zerstören nicht tut. Schreiben Sie das aber nicht allein Ihrem Verdienst zu, denn die Persönlichkeit eines Hundes wird auch sehr von seiner Genetik und seinen Früherfahrungen geprägt, auf die Besitzer keinen Einfluss haben. Die meisten Kunden, die mit einem Problemhund zu mir kommen, hatten früher schon einen braven Hund, der meine Hilfe nicht brauchte. Es hat also auch viel mit Glück zu tun, wenn wir einen Hund in unser Leben holen.

Und für den Fall eines Falles gibt es genügend Profis, die Ihnen helfen können, seien es Tierärzte mit der Zusatzbezeichnung Verhaltenstherapie oder zertifizierte Verhaltenstherapeuten. Wählen Sie jemand aus, der eine gut informierte Herangehensweise mit dem richtigen Gleichgewicht zwischen Belohnung und Strafe vertritt, um das Verhalten Ihres Hundes positiv zu verändern.

Bounce mit einem Welpenschüler: Erwachsene Hunde können ein Vorbild für gutes, aber auch schlechtes Verhalten sein wie Springen in den Pool. Es gibt keinen allgemeingültigen Weg zur Behebung sämtlicher Verhaltensprobleme bei Hunden.

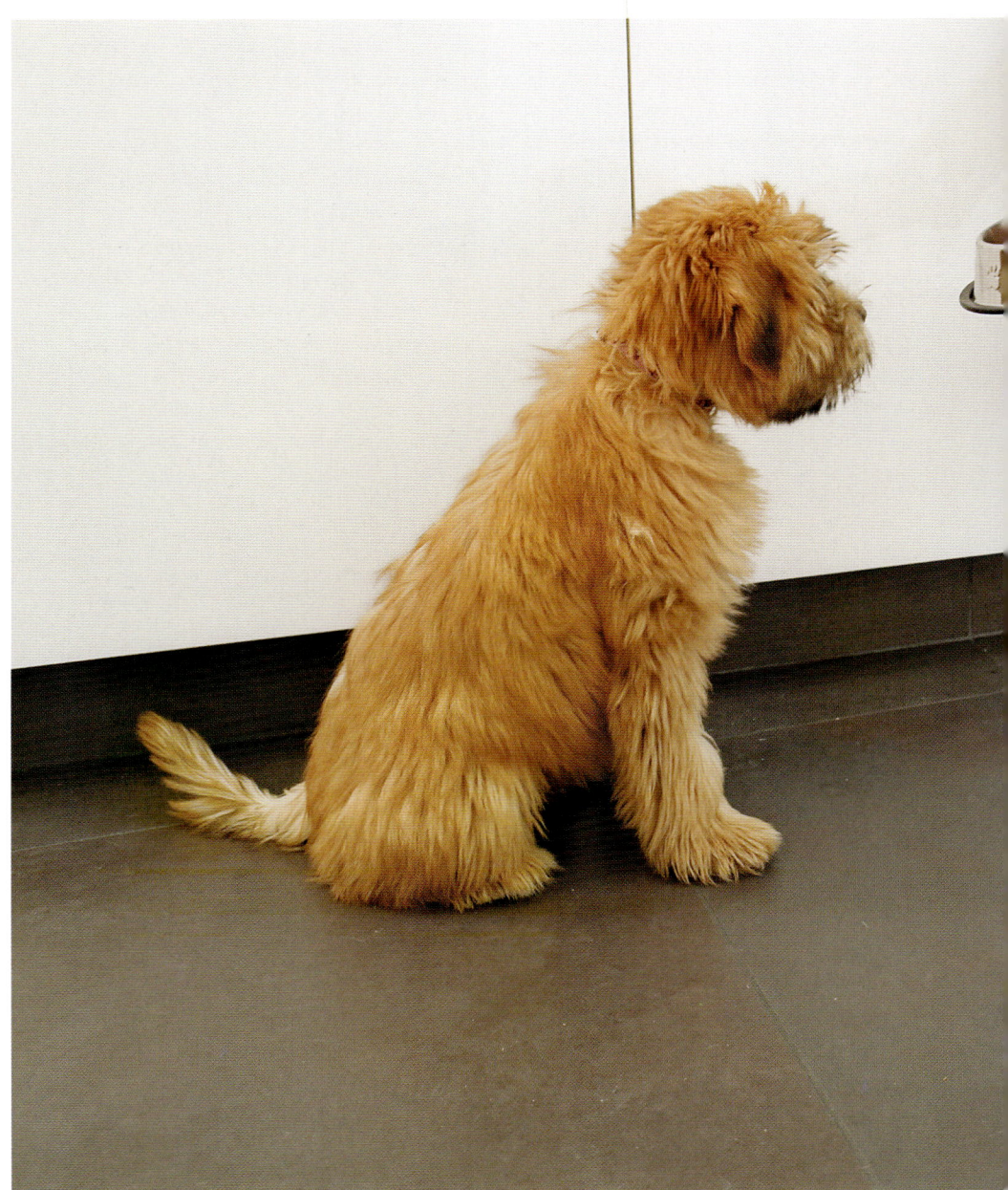

7 Fütterung

in Theorie und Praxis

Fütterung

Fakten über modernes Hundefutter und warum es Ihrem Hund
nicht gut tut. Gesunde Alternativen: 'BARF' oder selbst gekocht.
Was man bei Problemfressern tun kann. Fettleibigkeit bei Hunden.
Einkaufen und wie Ihr Hund gesund bleibt.

Hundefütterung ist nicht annähernd so kompliziert, wie manche Futterhersteller Sie gerne glauben machen möchten. Es handelt sich dabei wirklich um keine Geheimwissenschaft. Aber genau wie viele Menschen verlernt haben, für sich selbst gesund zu kochen, so haben es auch viele Hundebesitzer aufgegeben, das Futter für ihre Tiere selbst zuzubereiten.

In diesem Kapitel möchte ich Ihnen zeigen, dass der Trend hin zum Fertigfutter schlecht für die Hunde und vermutlich auch unseren eigenen Geldbeutel war.

Modernes Hundefutter

Wie Hunde in Europa, den USA und anderen Industrieländern gefüttert werden, hat sich in den letzten 50 Jahren dramatisch verändert. Die Herstellung von Hundefutter ist zum riesigen, global operierenden Geschäft geworden. Vier multinationale Konzerne dominieren heute Produktion und Vermarktung von Heimtierfutter auf der ganzen Welt. Längst vorbei sind die Zeiten, als das Futter für die Hunde zuhause noch mit der gleichen Sorgfalt zubereitet wurde wie das für die menschliche Familie. Man hat uns davon überzeugt, stattdessen klebrige Bröckchen aus einer Dose oder unappetliche Pellets aus einer Tüte in die Näpfe unserer Hunde zu kippen – ein Trend, den ich mit vielen anderen zum Wohl der Hunde gerne wieder umgedreht sehen würde. Noch wichtiger ist vielleicht, dass wir mit der Abgabe der Verantwortung für die Ernährung unserer Tiere an die Konzerne auch etwas sehr Besonderes in der Mensch-Hund-Beziehung ver-

Die Essenszeit ist eine gute Gelegenheit, die Hierarchie im Familienverband zu stärken. Wenn ein Hund vor einem anderen fertig ist, bringen Sie ihm bei, zu sitzen und zu warten, bis der andere auch aufgefressen hat.

loren haben. Das Zubereiten und Darreichen von Nahrung sollte ein Akt der Fürsorge sein und uns stolz machen, dass wir das Beste für unseren Freund tun, der uns wiederum seine Zuneigung durch große Vorfreude auf das Futter und den anschließenden Genuss zeigt.

Einsichten aus der Industrie

Ich selbst habe neun Jahre lang für einen großen Hundefutterkonzern gearbeitet und aus erster Hand erfahren, wie diese Industrie funktioniert. In der Vergangenheit haben die Konzerne es geschafft, Dosenfutter so ähnlich aussehen und riechen zu lassen wie selbst zubereitete Fleischeintöpfe. Eine echte Herausforderung für die Lebensmitteltechniker: Wie verwandelt man billige und unappetitliche Zutaten wie zum Beispiel Soja (Pflanzenprotein), Blut oder Kuheuter

in etwas, das wie echtes gewürfeltes Fleisch aussieht? Wenn es sich um eine 'Rindfleischzubereitung' handelt, werden die Brocken mit Farbstoff künstlich dunkler gefärbt, oder heller, wenn es 'Hühnchen' sein soll. Wie das Futter für uns aussieht und riecht ist ein wichtigeres Thema beim Hundefutter geworden als die Befriedigung der Nährstoffbedürfnisse des Hundes.

Künstliche Geschmacksverstärker werden zugesetzt, damit der Hund das Futter mit einer Geschwindigkeit verschlingt, die den wohlmeinenden, aber naiven Besitzer beeindruckt. Clevere Chemiker haben es geschafft, den Code natürlich anziehender Aromen zu knacken, wie sie etwa von Roastbeef oder Lamm stammen. Oft basieren sie auf technologischen Prozessen wie der komplizierten Chemie der sogenannten Maillard-Reaktionen zwischen Zuckern und

Etikettenlesen hilft nicht immer

Eins der Hauptprobleme des heutigen Hundefutters ist, das wir nicht wissen, was wir kaufen. Die Zutaten sind meist clever hinter Begriffen wie 'Fleisch und tierische Nebenerzeugnisse' oder 'Produkte pflanzlicher Herkunft'(was so gut wie alles sein kann) versteckt. Schauen Sie einmal auf das Etikett: Sind Fleischart und verarbeitete Innereien erwähnt? Vermutlich nicht. In der EU gibt es keine Deklarationsvorschrift dafür. Die Hersteller müssen auch nicht genau angeben, welche Getreidesorten sie verwenden. Dabei können 'Produkte pflanzlicher Herkunft', wie wir später noch sehen werden, die verschiedensten Auswirkungen auf Ernährung und Verhalten von Hunden haben. In den USA ist die Deklarationspflicht der Inhaltsstoffe im Heimtierfutter stärker geregelt als in Europa. Amerikanische Hersteller müssen nach dem sogenannten AFCOProtokoll arbeiten, wenn sie

Behauptungen wie 'Komplettnahrung' oder 'für Welpen und tragende Hündinnen geeignet' aufstellen. In der EU hat die Heimtierfutterindustrie es aber geschafft, die Verbraucherschützer zu hintergehen und die Regierungen davon überzeugt, die Industrie sich selbst regulieren zu lassen. Ein großer Fehler!

Halten Sie immer verschiedene Leckerchen bereit, damit es Abwechslung in Geschmack und Geruch gibt.

Was ist im Dosenfutter?

Die billigste Zutat überhaupt ist Wasser. Manche Marken von Dosenfutter enthalten über 80 Prozent Wasser, sehen aber aus wie feste Nahrung: Das Wasser wird mit größtenteils unverdaulichen Gelierstoffen gebunden, die aus Seetang, Früchten oder tropischen Bohnen gewonnen wurden. Sie verwandeln das Wasser in ein festes Gelee, das aussieht wie leckere Bratensoße um die Fleischstücke herum. Dabei ist es nur eine Methode, Wasser in Geld für die Hersteller zu verwandeln! Die Tiere oder ihre Besitzer haben nichts davon.

Schwefel – sie enthalten Aminosäuren, die für Fleischfresser zwar angenehm riechen, aber nichts für seine Ernährung tun. Die Geschmacksstoffe überlisten die Hunde, etwas zu fressen, das sie normalerweise nicht anrühren würden, wie zum Beispiel Sojabohnen.

Katzenfutter ist für die Hersteller sogar noch profitabler als Dosenfutter für Hunde und der ungesunde Zustand von Zähnen und Zahnfleisch vieler Katzen kann direkt auf diese unangemessene Ernährung zurückgeführt werden. Ägyptische Katzenmumien aus dem Britischen Museum beweisen, dass die Katzen der Pharaohs gesündere Zähne hatten als ihre heutigen Artgenossen! Entzündungen von Zahnfleisch und Zähnen, Zahnstein und schlechter Atem sind der Preis, den die heutigen Hunde und Katzen für das unnatürliche Futter bezahlen. Ich bin sehr froh, nicht mehr Teil dieser Industrie zu sein.

Die Wahrheit über Trockenfutter

Trockenes Hundefutter wird unter hohem Druck und hohen Temperaturen 'extrudiert': Ein Brei aus Getreide und Tierbestandteilen wird durch ein riesiges Fass gedrückt und kommt aus einer winzigen Öffnung wieder als Trockenfutter-Pellet heraus. Dieses Pellet ist kein fester Brocken, sondern wird mit Hilfe von Luft auf mehr als das doppelte seines Festvolumens aufgepufft. Genau wie Dosenfutter mit Wasser 'verdünnt' werden, so erhält Trockenfutter mit Hilfe billiger Luft mehr täuschendes Volumen.

Eins der vielen Probleme sowohl von Dosen- als auch von Trockenfutter ist, dass die Zutaten oft in Fabriken getrocknet werden, die auf der anderen Seite der Erdkugel vom Herstellungsort des Futters liegen. Fleischabfälle werden gekocht, Knochen gemahlen und Blut getrocknet, damit man alles kostensparend lagern und dann an weit entfernte Fabriken schicken kann. (Hochwertiges Fleisch kann eingefroren und zur Herstellung von Dosennahrung verwendet werden, ist aber selten in Trockenfutter enthalten.) Da ist es nicht überraschend, dass diese intensive Bearbeitung der Bestandteile zu massiven Qualitätsverlusten führt. Bis das Pellet seine Reise durch den Extruder beendet hat, wurden wichtige hitzeempfindliche Enzyme, Vitamine und essenzielle Fette darin vernichtet. Die Industrie hilft sich, indem sie wieder Vitaminmischungen, essenzielle Fette wie Omega 3 und Omega 6 oder Antioxidantien zusetzt.

Fleischfresser müssen bestimmte essenzielle Fette in ihrer Nahrung haben, weil sie sie nicht selbst herstellen können. Aber stellen Sie sich einmal den Schaden an diesen komplexen und instabilen Fetten vor, wenn sie erst getrocknet und gelagert und dann kurz, aber heftig in der Futtermittelfabrik gekocht wurden. Ähnlicher Schaden wird bei der Herstellung von Dosenfutter angerichtet, wenn diese wichtigen Inhaltsstoffe in riesigen Dampfkochtöpfen etwa eine Stunde lang bei 120°C gekocht werden.

Am schlimmsten von allem ist, dass erst das Mischen und dann die Extrusion der vielen Zutaten verschleiert, was wirklich in dem Futter drin ist. Ich sagte bereits, dass Sie sich nicht darauf verlassen können, was Sie auf dem Etikett lesen. Hunde sind Karnivoren, mit den Zähnen und dem kurzen Verdauungstrakt ihrer fleischfressenden Raubtier-Vergangenheit. In freier Wildbahn fressen sie keinen Weizen, Mais oder Sojabohnen. Dingos und Wölfe fressen den ganzen Kadaver ihrer Beute, wobei sie bestimmte Teile bevorzugen. Ihre riesigen Eckzähne sind dazu gemacht, durch Haut und Muskeln zu schneiden und sie zu zerreißen, sodass ohne Kauen geschluckt werden kann. Die scharfen Zacken auf ihren Backenzähnen schneiden und zerdrücken Knochen. Wenn Sie einem Hund die Notwendigkeit zum Einsatz seiner Zähne nehmen, indem Sie ihm schlabbriges

Wilde Caniden fressen ihre Beute ganz auf. Ihre Zähne sind zum Zerreißen von Fleisch und Zermahlen von Knochen gemacht, nicht zum Schlucken formlosen Breis.

Rohe Knochen und andere Kauartikel sind eine gute Methode, Zähne und Zahnfleisch Ihres Hundes gesund zu erhalten.

Dosenfutter oder mehliges Trockenfutter geben, könnte er genauso gut zahnlos sein. Vielleicht droht Hunden diese Zukunft, aber vielleicht können wir die Abwärtsspirale auch stoppen und unseren Hausraubtieren wieder natürlicheres Futter geben, das dem ihrer wilden Vorfahren stärker ähnelt.

Es gibt einen anderen Weg

Als Hundebesitzer haben Sie die Verantwortung dafür übernommen, was Ihr Hund frisst. Das Einkaufen und Mischen der Hauptzutaten war noch nie einfacher als heute und in vielen Zoofachgeschäften erhalten Sie alles, was Sie brauchen, um ein gesundes und natürlicheres Futter

Die Rückkehr zum Rohfutter

Wie man Hunde am besten füttert, ist zu einem echten Diskussionsthema geworden. Mitschuld daran sind die beiden australischen Tierärzte Dr. Ian Billinghurst und Dr. Tom Lonsdale. Billinghurst hat das Füttern von Knochen und rohem Fleisch (engl. Bones And Raw Food, kurz 'BARF') propagiert, denn, so argumentiert er, dies sei eine Rückkehr zur natürlichen Ernährung, an die sich die wilden Vorfahren der Hunde mit ihrer Verdauungsphysiologie und ihrem Verhalten angepasst haben. Die Tatsache, dass unsere Hunde mit dem künstlich hergestellten Dosen- oder Trockenfutter überleben, bedeutet nicht, dass dieses für eine optimale Ernährung sorgt. Es stellt eher einen Kompromiss zwischen Profit für den Hersteller und Bequemlichkeit für den Besitzer dar.

In seinem exzellenten Buch *Raw and Meaty Bones* geht Lonsdale entschieden und gut informiert mit der Heimtierfutterindustrie ins Gericht und bemerkt, dass sie eine regelrechte Epidemie an Zahnfleischerkrankungen bei Hunden und Katzen verursacht hat. Die Industrie hat es clever geschafft, die Tierärzte auf ihre Seite zu ziehen – was so weit geht, dass diese in ihren Praxen das gleiche Futter bewerben, das genau die Zahnerkrankungen verursacht, welche sie dann später behandeln. Ein für beide Seiten profitables Bündnis, das Lonsdale mutig aufgedeckt hat – mit dem Ergebnis, dass seine Berufskollegen ihn für das Rütteln an den Gepflogenheiten in der Tiermedizin ächten und ihn (zu Recht) für einen gefährlichen Befürworter des einfachen gesunden Menschenverstandes in der Hundefütterung halten.

Das Verdauungssystem
von Hunden
ist auf Fleisch
eingerichtet, nicht auf
kohlehydratreiches
Fertigfutter.

Fettleibigkeit bei Hunden

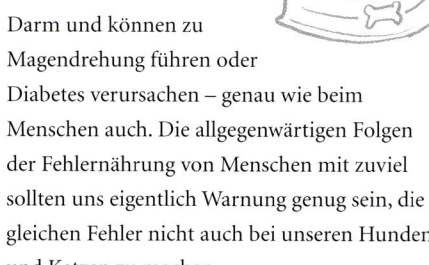

Die heute massenhaft auftretende Fettleibigkeit bei Hunden ist ein hausgemachtes Problem. Das fett- und kohlehydratreiche Futter, das viele ihren Hunden geben, führt – Überraschung! – zur Verfettung. Darüber hinaus verursacht es nicht nur die schon erwähnten Zahnfleischerkrankungen, sondern die Kohlehydrate gären auch in Magen und Darm und können zu Magendrehung führen oder Diabetes verursachen – genau wie beim Menschen auch. Die allgegenwärtigen Folgen der Fehlernährung von Menschen mit zuviel sollten uns eigentlich Warnung genug sein, die gleichen Fehler nicht auch bei unseren Hunden und Katzen zu machen.

zusammenzustellen. In Kanada zum Beispiel führen viele Fachgeschäfte eine große Auswahl an gefrorenem Fleisch und Knochen – von Fisch über Bison und Strauß bis hin zu Hirsch. Alles sauber verpackt und zusammen mit frischem Gemüse wie etwa Spinat. Der gleiche Trend ist auch unterwegs nach England und den USA, allerdings gibt es hier weniger Anhänger der BARF-Fütterung als in Kanada oder Australien, wo alles begann (s.S. 136).

Ich habe unglaublich viele Hunde gesehen, denen die Umstellung auf eine natürliche Ernährung wirklich gut getan hat. Sie sind munterer, die Zähne gesünder und frei von Zahnstein, der Kot ist kleiner, fester und

Viele Zutaten, die Sie auch selbst gerne essen würden, können gut in den Hundenapf wandern.

riecht weniger. Oft berichten Besitzer, dass der unangenehme 'Hundegeruch' von Tieren, die mit sehr kohlehydrathaltigem Futter ernährt werden, schnell verschwindet, was mit einer Veränderung der Bakterienpopulation in den Talgdrüsen der Haut und einer insgesamt verbesserten Gesundheit der Haut zu tun hat.

Rezepte für die Hundeküche

Hunde mögen die Abwechslung, was ein guter Grund für Sie ist, einfallsreich zu sein und die Arten tierischen Eiweißes abzuwechseln, die Sie füttern, falls Sie sich wie ich für den natürlichen Weg entschieden haben. Vielleicht hat Ihr Zoofachgeschäft rohes Fleisch im Angebot, und dann gibt es ja noch Metzger, Fischhändler oder Supermarkt. Wochenendes oder abends bieten Supermärkte oft fast abgelaufenes Fleisch zu Sonderpreisen an. Der Nachteil von Supermärkten ist, dass sie keine Knochen verkaufen, Metzger und Zoofachläden schon.

Dann wäre da noch das Gemüse. Ich bin selbst begeisterter Gärtner, der sein eigenes Gemüse zieht, und es bleibt immer was für die Hunde übrig. Grünes Gemüse wie Kohl oder Spinat kann leicht gedämpft werden, bevor Sie es untermischen (ein Pürierstab ist dabei sehr hilfreich). Möhren, eventuell geraspelt, kann man prima roh geben, aber Kartoffeln müssen gekocht werden. Übertreiben Sie es aber nicht mit Kartoffeln, genau wie mit jeder anderen Form von Kohlehydraten.

Essensreste können eine schmackhafte Zutat zur geplanten Rohfütterung ergeben: sie wegzuwerfen wäre wirklich Verschwendung. Gönnen Sie Ihrem Hund ruhig auch ein bisschen was davon, was Sie so gerne mögen. Worüber sich allerdings alle einig sind, ist, dass Hunde keine gekochten Knochen bekommen dürfen. Sie werden brüchig und bekommen scharfe Kanten, die sogar die Magenschleimhaut durchschneiden können. Rohe Knochen sind ungefährlich, aber wenn Sie einen Schlinger haben, der jede Mahlzeit zum Wettkampf gegen die Uhr macht, beobachten Sie ihn besser beim Knochenfressen und geben Sie ihm eher größere als kleinere Stücke. Nach den Berichten von Tierärzten, die BARF-gefütterte Hunde betreuen, kommen durch Knochen verursachte Verstopfungen bei ihnen nicht häufiger vor als bei Hunden, die mit Fertigfutter ernährt werden.

Was man wissen sollte

Die Umstellung auf eine natürlichere Fütterung hat fast mit Sicherheit nur Vorteile, aber es gibt doch einige wichtige Dinge, die man beachten sollte. Hier sind einige der Fragen, die mir am häufigsten zur Fütterung gestellt werden.

Besteht bei rohem Fleisch kein Infektionsrisiko?

Dass Hähnchen aus Massentierhaltung mit Salmonellen und/oder Campylobacter-Bakterien infiziert sind, kann als so gut wie sicher gelten. Für Hunde sind sie aber ungefährlich, weil diese gegen bemerkenswert viele Verderbnisbakterien resistent sind: Als Fleisch- und Aasfresser hat die Evolution sie mit einem robusten Verdauungssystem gesegnet. Es ist fast unmöglich, einem Hund mit verdorbenem Fleisch Schaden zuzufügen.

Einkaufsliste

Kaufen Sie wenn möglich immer ganze Karkassen oder fleischige Knochen. Fleisch alleine liefert nicht genug Kalzium und andere wichtige, in Knochen enthaltene Mineralien. Auf Ihrer Einkaufsliste sollten deshalb stehen:

- Ganze Karkassen von Geflügel oder Kaninchen und ganzer Fisch.
- Geflügelbeiprodukte wie Flügel, Hälse, sogar Beine, Köpfe und Gerippe, nachdem das für den menschlichen Verzehr bestimmte Fleisch entfernt wurde.
- Knochen von Lamm, Rind, Schwein oder Hirsch. Große Knochen können für kleine Hunde eine Herausforderung sein – sägen Sie sie in Stücke. Ochsenschwanz ist ebenfalls prima zum Kauen geeignet.
- Innereien wie Lunge, Luftröhre, Herz oder Pansen sind gut, solange sie nicht mehr als ein Drittel der Gesamtfuttermenge ausmachen. Leber ist eine gute Quelle für Vitamin A und D, sollte aber nicht mehr als 10% der Gesamtmenge ausmachen: Ein Überschuss dieser Vitamine (Hypervitaminose) kann zu unangenehmen Symptomen wie Gewichtsverlust oder Gelenkschmerzen führen. Kurzfristig gesehen kann Leber auch Durchfall verursachen.

Weil Menschen in dieser Hinsicht viel empfindlicher sind, sollten Sie darauf achten, das Fleisch für den Hund immer getrennt von dem für Ihren Verzehr bestimmten aufzubewahren und sich die Hände zu waschen, nachdem Sie es angefasst haben. Wenn Platz und Geld es zulassen, reduzieren Sie die Gefahr von Kontamination, indem Sie das Hundefutter in einem eigenen Kühlschrank aufbewahren und ihn draußen füttern.

Warum ist Fleisch allein nicht gut?

Einer nur aus Fleisch bestehenden Nahrung mangelt es an wichtigen Mineralien, vor allem Kalzium. Deshalb ist es wichtig, Fleisch und Knochen ungefähr im Gewichtsverhältnis von 2:1 zu füttern.

Was ist mit Ergänzungsmitteln?

Wenn Sie eine aus Fleisch und Knochen bestehende Nahrung nach meinen Angaben füttern, sollte eine Ergänzung mit Vitaminen und Mineralien nicht nötig sein: Nicht hitzebehandeltes Rohfutter beinhaltet alle Nährstoffe, die ein Hund braucht. Lebende Probiotika (gutartige Bakterien, die Maul und Darm besiedeln) sind aber sowohl bei Fertig- als auch bei Rohfutter gut. Besondere Erkrankungen wie zum Beispiel Arthritis sprechen auf die gleichen Glukosamin- und Chondroitinergänzungen an wie bei mit Fertigfutter ernährten Hunden. Im Großen und Ganzen ist bei Rohfütterung die Gefahr einer Überversorgung mit Zusatzstoffen größer als die einer Unterversorgung. Industrielle 'Komplettfutter' sind nur deshalb mit Zusätzen voll-

gestopft, weil sie aus bizarren Zutaten bestehen, die fast bis zur völligen Zerstörung bearbeitet wurden. Machen Sie sich keine Sorgen um die Versorgung mit Mikro-Zutaten wie Vitaminen, Zink oder das richtige Kalzium:Phosphor-Verhältnis. Die Fütterung mit verschiedenen Fleischsorten, Knochen und Gemüse minimiert das Risiko einer langfristigen Unterversorgung, und kurzfristig fängt Ihr Hund die täglichen Schwankungen in den Inhaltsstoffen gut ab. Genau wie beim Menschen würde es viele Wochen dauern, bevor bedeutsame Ernährungsmängel auftreten. Falls nötig, können Sie kombinierte Vitamin- und Mineralpräparate im Fachhandel kaufen und für essenzielle Fettsäuren gibt es viele gute natürliche Quellen (siehe: Was ist mit Fetten?).

Wie oft soll ich meinen Hund füttern?

Das ist vor allem eine Sache der persönlichen Vorliebe: Hunde passen sich an die verschiedensten Routinen an, von häufigen kleinen Imbissen bis zu einer großen Mahlzeit pro Tag. Entscheiden Sie selbst, was am besten zu ihm passt. In der Natur haben Raubtiere auch keine gleichmäßige Nahrungsversorgung: eher normal sind dramatische Schwankungen zwischen Zeiten von Überfluss und Hunger. Wenn es sein muss, kommt Ihr Hund also auch gut damit zurecht, wenn einmal eine oder gar mehrere Mahlzeiten ausfallen.

Fallbeispiel: Die Corgis der Queen

Im Jahr 1985 wurde ich von der Queen wegen des Verhaltens ihrer Corgis ins Windsor Castle gebeten. Zu Demonstrationszwecken fütterte sie ihre 11 Hunde vor meinen Augen in ihrer Privatwohnung. Ein Angestellter brachte ein riesiges Tablett mit 11 Näpfen voller frisch in königlichen Küchen zubereiteten Futters. Kein Hund bekam das gleiche wie ein anderer und

die meisten hatten 'Spezialzutaten' wie Algen, Gemüse, Öl oder je nach Alter und Gesundheit homöopathische Mittel. Ihre Majestät war sehr darum besorgt, dass jeder Hund individuell nach seinen Bedürfnissen gefüttert wurde. Und wenn frisch zubereitetes Futter gut genug für die Hunde der Queen ist, sollte es das wohl auch für Ihren und meinen sein!

Selbst zubereitetes Futter, zum Beispiel aus Reis und preiswertem Fleisch, lässt sich bequem herrichten und ist gut für den Hund.

Sind plötzliche Futterumstellungen schädlich für Hunde?

In freier Wildbahn sind Hunde durch das wechselnde Angebot an Beutetieren ständigen Nahrungsschwankungen ausgesetzt. Die meisten Hunde kommen gut mit täglichen Änderungen zurecht, weil die Evolution sie gut für ein Leben als Jäger und Räuber ausgerüstet hat. Wenn sie bisher nur Fertigfutter bekommen haben, müssen sie aber an Rohfutter gewöhnt werden: Die einzelnen Trockenfuttermarken fördern eine ganz bestimmte Mikrobiologie im Darm, vielleicht deshalb, weil sie reich an fermentierbaren Kohlehydraten sind, die in natürlicher Nahrung nicht vorkommen. Probiotika-Zusätze machen eine Anpassung an diese Schwankungen im Fertigfutter leichter und helfen auch bei der Umstellung auf eine natürlichere, selbst zubereitete Nahrung.

Was ist mit Fetten?

Genau wie Menschen brauchen auch Hunde in Maßen Fett. 'In Maßen' ist dabei das Zauberwort. Mageres Kaninchenfleisch dagegen liefert nicht genügend Fett, weshalb welches zugesetzt werden muss. Gute Quellen für essenzielle Fettsäuren sind Fischöle wie z.B. Lachsöl, aber auch Olivenöl, Nachtkerzenöl und andere für den menschlichen Verzehr bestimmte Öle. Der Nährstoffbedarf unserer beiden Spezies ist sich erstaunlich ähnlich – was gut genug für Sie ist, sollte es also auch für Ihren Hund sein. Eine Ausnahme davon ist Schokolade, die wegen ihres Theobromingehalts für Hunde giftig ist. Auch Rosinen und Weintrauben müssen streng den Menschen vorbehalten werden.

Ist Rohfütterung auch für Welpen und Zuchthündinnen geeignet?

Trächtigkeit und Laktation führen zu einem bestimmten und erhöhten Nährstoffbedarf. Im Prinzip kann man mit BARF auch Welpen und Zuchthündinnen ernähren, was aber gut geplant sein muss. Fragen Sie Ihren Tierarzt nach dem genaueren Nährstoffbedarf Ihres Hundes.

Die Alternative: Selberkochen

Seit Menschengedenken wurden Hunden mit den Essensabfällen und Küchenkreationen ihrer Leute ernährt. Englische und amerikanische Hundebesitzer ließen sich als erste von den Versprechungen der Fertigfutterverkäufer verführen, während die französischen, italienischen und asiatischen Verbraucher erst später umstiegen – vielleicht, weil ihre Essenskulturen stärker waren als in den englischsprachigen Ländern. Als ich in den späten 1970er Jahren mit französischen Hundebesitzern sprach, hatten die meisten von ihnen noch eine gesunde Skepsis gegenüber Fertigfutter und blieben lieber bei selbst zubereitetem Futter, das die gleichen Zutaten enthielt wie das Essen für die eigene Familie. Reis war der hauptsächliche Kohlehydratlieferant, Fleisch wurde täglich danach ausgesucht, was gerade beim Metzger oder Fischhändler günstig war und Kräuter kamen je nach Geschmack des Kochs und Erfahrung dazu, was Fifi schmeckte. Die damaligen französischen Hunde sahen gut aus, genau wie die meisten Hunde, die mit vernünftig ausgewogenen, gemischten Zutaten ernährt werden, die kreativ zuhause zubereitet wurden. Heute kaufen Franzosen genauso *les boites* oder *croquettes* (Dosen- oder Trockenfutter) wie der Rest der Welt, und auch in Italien und Asien ist es trotz der heimischen Esskultur die gleiche Geschichte der Kapitulation vor den Futtermittelkonzernen. Wie schade!

Wichtig zu sagen ist, dass es den einzig seligmachenden Weg zur Hundeernährung nicht gibt: es gibt viele, denn Hunde sind sehr anpassungsfähige Geschöpfe, die sich genau wegen dieser Flexibität so lange an der Seite des Menschen halten konnten. Ihr Verdauungssystem ist für reine Fleischernährung geeignet, kann sich aber auch an eine sorgfältig zusammengestellte vegetarische Ernährung anpassen. Der 'Mittelweg' aus selbst zubereiteter Nahrung mit Fleisch und Gemüse kann eine praktische und günstige Alternative zu BARF sein und mit hoher Wahrscheinlichkeit besser als Fertigfutter. Sie müssen sich also nicht schuldig fühlen, falls BARF nicht zu 100 Prozent zu Ihrem Lebensstil, Ihrem Geldbeutel oder auch Ihrem Hund passt. Manche Hunde scheinen Geruch und

Geschmack von gebratenem Fleisch lieber zu mögen, aber natürlich belassen rohe Nahrung ist insgesamt die gesündere Alternative für Ihren Hund.

Fertigalternativen zu BARF

Neben den besagten vier multinationalen Großkonzernen gibt es Hunderte kleiner, unabhängiger Hersteller von Hundefutter. Woher soll man da wissen, welches Futter besser ist als ein anderes? Die Werbestrategen von Trockenfutter nennen ihres 'Premium' und versuchen Sie mit der Angabe besonderer Inhaltsstoffe zu locken – vielleicht neuseeländische Grünlippmuschel, Algenextrakt oder Fleisch aus biologischer Landwirtschaft.

Das Problem aller extrudierten Trockenfutter ist aber, dass sie viel Getreide enthalten müssen, damit der Herstellungsprozess überhaupt funktioniert: hocherhitzte Kohlehydrate werden gebraucht, um sich chemisch mit den Proteinen zu verbinden. Getreide ist aber, wie schon gesagt, keine natürliche Hundenahrung und besonders Weizen enthält viel Gluten, auf das viele Hunde mit Unverträglichkeit oder sogar Allergie reagieren. Reis, besonders weißer Reis, enthält weniger Gluten und ist besser als Hundenahrung geeignet. Eine gute Alternative zu Weizen ist auch Hafer, denn er enthält neben anderen wertvollen Inhaltsstoffen lösliche Rohfaser, die gut für die Verdauung ist. Gekochter Reis oder gewalzter Hafer sind eine gute Zutat für Fertigfutter und können auch für Eigenrezepte verwendet werden, wenn man den 100%igen BARF-Weg nicht einschlagen möchte.

Die Bedeutung von Tryptophan

Ein zu vermeidendes Getreide ist Mais, das besonders wenig Tryptophan enthält. Tryptophan wird im Körper zur Bildung von Serotonin benötigt, ein Stoff, der Ruhe und Entspannung fördert. Es wurde behauptet, aber nicht ausreichend bewiesen, dass eine tryptophanarme Ernährung die Stimmungslage von Hunden beeinflussen kann – bei Nagetieren wurde in Laborversuchen gesteigerte Angst nachgewiesen. Eins der vielen Paradoxons der Verbindung von Veterinärmedizin und Fertigfutter ist, dass ein sehr angesehener, multinatonaler Hersteller 'medizinischen' Diätfutters, das fast ausschließlich über Tierärzte verkauft wird, Rezepte verwendet, bei denen Mais die einzige Kohlehydratquelle ist. Der gleiche Hersteller hat den Proteingehalt auf das experimentell ermittelte Mindestniveau für das Überleben von Hunden heruntergefahren – Mais ist ja so viel billiger als Fleisch!

Sie werden schnell herausfinden, ob ein Fertigfutter Ihrem Hund bekommt oder nicht: Achten Sie auf Stuhlgang, Fell, Maul, Körpergeruch, Munterkeit und allgemeines Wohlbefinden. Die meisten Hunde scheinen das von mir so kritisierte Fertigfutter kurzfristig gut zu vertragen. Einige wenige zeigen aber auch

Allergien und Unverträglichkeiten

Genau wie Menschen können auch einzelne Hunde dramatische Reaktionen auf bestimmte Nahrungsmittel oder Inhaltsstoffe zeigen. Ich ziehe diese Möglichkeit immer dann in Betracht, wenn das Verhalten eines Hundes stark schwankt – heute ruhig und eher faul, morgen unruhig und hyperaktiv. Der Grund dafür ist noch nicht genau erforscht, aber Verhaltensreaktionen können oft mit den Reaktionen des Immunsystems auf bestimmte Nahrungsmittel in Verbindung gebracht werden. Es kann sein, dass ein betroffener Hund eine bestimmte Proteinquelle nicht verträgt, einen Farbstoff oder sogar, wie in einem Fall, den Schutzlack auf der Innenseite von Futterdosen.

Um der Sache auf den Grund zu gehen, führen wir eine 'Ausschlussdiät' durch:

- Ein Teil gekochtes Hühnchen, Fisch oder Kaninchen
- Ein Teil gekochter weißer Reis, Haferflocken oder Kartoffelmus
- ein Teelöffel Olivenöl pro 10 kg Körpergewicht.

Ich empfehle, jede Fleisch/Kohlehydrat-kombinaton eine Woche lang zu füttern und genau auf (hoffentlich positive) Veränderungen

an Haut, Fell, Stuhl oder Verhalten des Hundes zu achten. Wenn sich nichts ändert, wechseln wir die Protein- oder Kohlehydratquelle und testen eine weitere Woche. Bringt die Ausschlussdiät positive Ergebnisse, können wir einen langfristigen Futterplan aufstellen. In meiner Praxis bedeutet das meistens eine Umstellung auf BARF mit dem Zusatz von Knochenmehl, anderen Mineralien und Ölen nach Bedarf. Meiner Erfahrung nach reagieren futterallergische Hunde meistens auf unbekannte Inhaltsstoffe in Fertigfutter, die man mit selbst zubereitetem Futter vermeiden kann.

Selbst zubereitetes Futter gibt Ihnen Kontrolle über die Auswahl der Zutaten.

Trockenfutter wird durch das Hinzufügen von Wasser schmackhafter.

dramatische Veränderungen im Verhalten, wenn sie das 'falsche' Futter bekommen (s. Kasten auf S. 143). Genau wie manche Menschen allergisch auf Nüsse reagieren, so gibt es auch bei Hunden Allergien gegen einzelne Inhaltsstoffe. Will sagen: Füttern Sie Ihren Hund immer individuell!

Der Bequemlichkeitsfaktor

Trockenfutter bietet dem Besitzer mehr Vorteile als dem Hund. Es ist bequem, sauber und kann lange Zeit ohne Kühlschrank gelagert werden. Man kann auch leicht ausrechnen, wie viel ein Hund davon braucht, um sein Idealgewicht zu halten. Im Schnitt liefert Trockenfutter 300 Kalorien pro 100 g. Ein mittelgroßer Hund mit mittlerem Aktivitätsniveau braucht etwa 60 Kalorien pro kg Körpergewicht – entsprechend bräuchte ein 20kg schwerer Hund 1.200 Kalorien, also 400g Trockenfutter pro Tag. Diese Rechnung wird aber von großen individuellen Unterschieden wie Geschlecht, Aktivität oder Alter beeinflusst.

Manche der für Trockenfutter typischen Probleme lassen sich verringern. So haben einige Hersteller damit begonnen, das Getreide durch Kartoffeln zu ersetzen, die nicht so leicht den Zahn- und Verdauungsprobleme

verursachenden gärfähigen Zucker bilden. Eine andere technische Möglichkeit ist, das Futter nicht bei hoher Temperatur und hohem Druck zu extrudieren, sondern sanft zu pasteurisieren und kalt zu pressen. Das Ergebnis kann ein etwas unansehnlicher harter Würfel sein, aber die hitzeempfindlichen Enzyme, Proteine, Fette und Vitamine haben bei der Produktion weniger gelitten.

Das deutsche Unternehmen Markusmühle extrudiert Hundefutter bei nur 30 - 34°C, was zu greifbaren Vorteilen im Nährwert führt. Das Futter wird auch nicht mit Luft aufgepufft, sondern besteht aus festen Stücken, die im Magen des Hundes schnell zerfallen. Ein kleiner Test hat mich von den Vorteilen der Kaltextrusion überzeugt: Wenn Sie ein paar Stückchen extrudiertes Trockenfutter in ein Glas Wasser legen, quellen sie zu halbfesten, geleeartigen Klumpen, die sich kaum noch verändern. Stellen Sie sich das einmal im Hundemagen vor! Die kaltgepresste Alternative zerfällt im Wasser in kurzer Zeit in feine Partikel und bietet den Darmenzymen eine große Fläche für ihre Tätigkeit. Trotz solcher Fortschritte in der Herstellungstechnik empfehle ich trotzdem, dass Sie die Hauptprinzipien der Hundeernährung überdenken und sich klar machen, dass Ihr Hund von einem wilden Raubtier abstammt, das Intelligenz, Schnelligkeit und Geschick brauchte, um seine Beute zu fangen. Das Füttern sollte also für Ihren Hund interessanter sein als nur gleichförmigen Brei in einen Napf zu füllen. Es sollte gesund sein oder zumindest nicht krank machen, langsam genossen werden können und die Bindung zwischen Ihnen beiden fördern.

Fütterungsprobleme

Nicht immer haben Hunde gute Tischmanieren und selbst bei bestem Vorgehen Ihrerseits kann es hin und wieder zu Problemen kommen. Die drei häufigsten Fütterungsprobleme, wegen derer ich um Rat gefragt werde, sind der gierige Fresser, der mäkelige Fresser und der Schlinger.

Der gierige Fresser

In freier Wildbahn werden Sie nie einen fetten Wolf, Kojoten oder Dingo sehen, auch wenn es saisonweise einen Überfluss an Beutetieren gibt. Wilde Caniden scheinen ihre Figur bessser in Form halten zu können als ihre zahmen Verwandten. Wir müssen die Verantwortung dafür übernehmen, ihre Ernährung so zu gestalten, dass sie nicht fett werden – was für einen Labradorbesitzer eine echte Herausforderung sein kann! Hier sind die Schlüsselelemente für ein gutes Programm zur Gewichtskontrolle:

- Wenig und oft: mehrere kleine Mahlzeiten am Tag sind besser als eine große.
- Bringen Sie mit Gemüse mehr Rohfaser ins Futter: versuchen Sie es mit rohen oder gekochten Karotten, grünem Gemüse oder sogar jungem Gras und Kräutern.
- Reduzieren Sie die Kohlehydrate. Sie allein sind schon ein Grund dafür, Fertigfutter den Rücken zu kehren und auf BARF umzustellen.

- Sorgen Sie für mehr Kalorienverbrauch über Bewegung! Der Sofarutscher muss sich von seinem Platz herunterbequemen und mehr körperlich tun. Falls seine Gelenke wacklig sind, bringen Sie ihn langsam mit Bewegung wieder in Form. Überlegen Sie, ob Sie irgendwo mit ihm zur Wassertherapie gehen können oder auf ein Laufband, wo gleichmäßige aerobe Bewegung ohne übermäßige Muskel- und Gelenksbelastung stattfinden kann.
- Fördern Sie die Arbeitsmoral: Nichts im Leben ist umsonst! Wilde Raubtiere müssen arbeiten, um Beute zu jagen und zu töten, und ein bisschen was davon sollten Sie auch für Ihr Hausraubtier vorsehen. Zoomanager bezeichnen das als 'Environmental Enrichment': Man versteckt oder vergräbt Futter im Gehege oder füllt es in spezielle Behälter, die das Tier rollen, drücken oder fallen lassen muss, um das Futter herauszubekommen. Auch für Hunde gibt es eine große Auswahl

Ein Kong oder anderes Futterspielzeug bringt Ihren Hund dazu, für seine Kalorien zu arbeiten!

solcher Spielereien, aus denen sie sich langsam das Futter herausarbeiten müssen. Den gleichen Effekt erreichen Sie aber auch, wenn Sie Trockenfutter über den Rasen streuen und Ihren Hund danach suchen lassen. Eventuell übersehene Reste finden die Vögel. Oder vergraben Sie Knochen unter Laub und Rindenmulch oder verteilen Sie strategisch mehrere kleine Näpfe mit Dosenfutter im Garten, die Sie mit alten Handtüchern abdecken – der Hund muss sie wegziehen, um ans Fressen zu kommen. Haben Sie Fantasie und lassen Sie sich selbst Situationen einfallen, die der Hund mit Einsatz seiner Intelligenz lösen muss.

Clever gestaltete 'Näpfe' wie dieser verlangsamen das Fressen und verringern bei anfälligen Hunden das Risiko für Magendrehungen.

Der mäkelige Fresser

Etwa 10 Prozent der Hunde können zu Recht als mäkelige Fresser beschrieben werden: Sie fressen längst nicht alles, was man ihnen vorsetzt oder nur sehr langsam. Sie können mager sein, aber die meisten von ihnen haben ein normales Körpergewicht oder sind sogar dick. Solche Hunde haben herausgefunden, wie sie ihre Besitzer dazu bringen können, ihrem Wunsch nach besonders schmackhaftem Futter und immer tolleren Rezepten nachzukommen. Manche Rassen scheinen für Mäkeligkeit anfälliger zu sein als andere, so scheinen magere Rassen wie etwa Whippets, aber auch Kleinhunde wie etwa Zwergpudel besonders prädestiniert zu sein.

Falls Sie einen mäkeligen Hund besitzen, sollten Sie als erstes die Situation mit Ihrem Tierarzt besprechen: Vielleicht ist Ihre Vorstellung von seinem idealen Körpergewicht unrealistisch und ein Hund, der Ihnen zu dünn erscheint, ist möglicherweise in genau der richtigen Verfassung ohne überflüssiges Fett. Genau wie die meisten anderen Hundeprofis wünsche auch ich mir eher schlanke als zu fette Hunde. Falls Ihre Sorgen aber begründet sind, hier ein paar Tricks aus meiner Werkzeugkiste.

- Füttern Sie ihn neben einem anderen Hund. Nicht regt das Interesse am Fressen so sehr an wie Futterneid.
- Machen Sie das Futter schmackhafter. Trockenfutter kann langweilig sein, mit Wasser übergossen schmeckt es schon gleich viel besser. Sie können es auch aufwärmen, gerie-

benen Käse darüberstreuen oder mit Speck-
streifen bedecken. Braten oder Kochen macht
Fleisch nicht nur für Menschen schmackhafter, weshalb Sie die Rohfütterung der BARF-
Methode eventuell aufgeben müssen.

- Geben Sie dem mäkeligen Fresser nur eine,
  höchstens zwei Mahlzeiten pro Tag und nehmen Sie ungefressene Reste sofort weg, anstatt
  den gefüllten Napf den ganzen Tag lang zur
  Selbstbedienung stehen zu lassen.
- Ein hoher Energiegehalt im Futter ist gut. Fügen Sie tierische oder pflanzliche Fette hinzu
  und reduzieren Sie die Rohfaser, z.B. die aus
  grünem Gemüse (kurzfristig kann Ihr Hund
  auch ohne auskommen).
- Essen Sie gemeinsam: Legen Sie die Fütterung des Hundes mit Ihrer eigenen Mahlzeit
  zusammen, sodass er Geruch und Geselligkeit
  eines Familienessens genießen kann. In freier
  Wildbahn frisst ein Rudel immer gemeinsam,
  weil sein Jagderfolg eher eine Leistung der
  Gruppe als das einzelner Tiere ist.

Der Schlinger

Hunde, die ihr Futter hinunterschlingen, können
die Feinheiten seines Geschmacks gar nicht so
genießen, wie wir uns das wünschen würden. Genau wie es für uns gesund ist, langsam zu essen,
ist es das auch für Hunde. Hier ein paar Ideen,
wie Sie das Fressen verlangsamen und das Risiko
des Wiederhochwürgens oder gar einer lebensbe-
drohlichen Magendrehung verringern können.

- Wenn Sie roh füttern, geben Sie ihm größere
  Stücke anstatt fein klein geschnittener und
  vom Knochen getrennter. Vermeiden Sie brei-
  iges und leicht zu schluckendes Nassfutter.
- Einfrieren ist eine prima Methode, um einen
  Hund zu innovativen Fresstechniken anzu-
  regen. Auch Trockenfutter kann man erst
  anfeuchten und dann einfrieren.

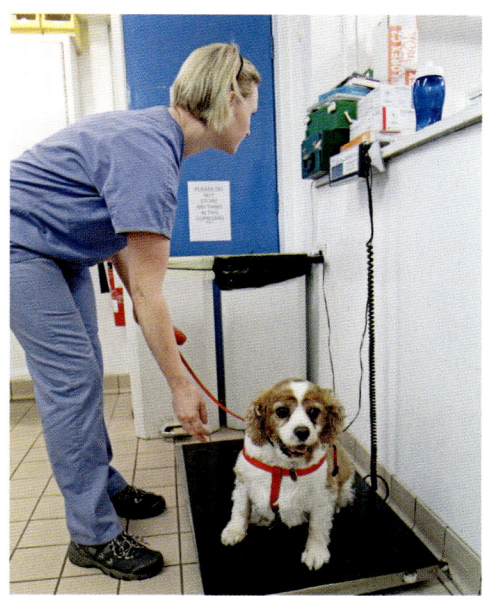

**Monatliches Wiegen ist eine gute Idee: Fettleibigkeit
gehört zu den hauptsächlichen Todesursachen von
Hunden.**

- Machen Sie es ihm schwer, schnell zu fressen.
  es gibt speziell geformte Futternäpfe, die ihn
  zum langsamen Fressen zwingen. Sehr effektiv sind auch ein paar große Kieselsteine im
  Napf, die er zur Seite schieben muss, um an
  das Fressen zu kommen. Die dänische Erfin-
  derin Ni Liu hat diese Idee zu ihrem 'grünen'
  Futternapf weiterentwickelt (siehe links).

Zusammengefasst

Hunde sind anpassungsfähige und leicht zu füt-
ternde Tiere und es gibt viele verschiedene Wege,
ihren Nahrungsansprüchen gerecht zu werden.
Hunde können mit Fertigfutter zwar überleben,
aber meiner Meinung nach brauchen sie für ein
gutes und zufriedenes Leben etwas Interessan-
teres als nur Pellets aus einem Sack. Sich mit der
Fütterung Mühe zu geben kann erheblich zum
Wohlbefinden Ihres Hundes beitragen.

8 Alltagsleben

Haltung und andere praktische Fragen

Alltagsleben

Hunde brauchen Regelmäßigkeit, müssen sich aber auch an Veränderungen Ihrer Lebensumstände anpassen können. Was tun, wenn Sie arbeiten gehen, in Urlaub fahren, umziehen oder ein Baby bekommen? Vorbereitung auf entspannte Tierarztbesuche.

Fachbücher über Nutztiere enthalten ganze Kapitel über Fütterung, für die Haltung geeignete Untergrundflächen, die Besatzdichte im Bestand, den richtigen Zeitpunkt zur Paarung und so weiter. Wenn Sie hier etwas falsch machen, können Sie darauf warten, dass Kühe weniger Milch geben, Hühner eingehen oder Pferde zu lahmen beginnen. Der Hund ist in dieser Hinsicht eine bemerkenswerte Ausnahme, denn es gibt kein allgemeinverbindliches Haltungssystem, das zuverlässig seine körperlichen und geistigen Bedürfnisse erfüllen würde und ihn gesund und glücklich sein ließe. Hunde sind erstaunlich anpassungsfähige Wesen, die in arktischer Kälte oder Wüstenhitze leben können und die im Lauf der Geschichte

immer wieder massive Veränderungen in der Lebensweise Menschen verschiedener Kulturen mitmachen mussten.

Diese Anpassungsfähigkeit sollte Sie misstrauisch gegenüber 'Experten' machen, die Ihnen fixe Regeln dafür vermitteln möchten, wie Sie Ihren Hund halten sollten. Allein die Tatsache, dass ein Hund im Winter ein warmes und im Sommer ein kühles Plätzchen sucht, bedeutet nicht, dass Sie in ein Heizungssystem für Tropenbedingungen oder eine Klimaanlage investieren müssen. Hunde sind von ihrem Verhalten her gut zur Thermoregulation in der Lage und suchen bei Hitze selbst Schatten oder Feuchtigkeit auf oder kuscheln sich im Winter zusammen und stellen die Fellhaare für eine

Trotz der sprichwörtlichen Feindschaft zwishen Hund und Katze können beide gute Freunde werden und sich gegenseitig Gesellschaft leisten, wenn Sie sie alleine zuhause lassen müssen.

bessere Wärmeisolation auf. Wichtiger als diese körperlichen Wünsche ist das Bedürfnis von Hunden nach einer stabilen und liebevollen Beziehung zu Menschen, anderen Hunden oder auch anderen Haustieren.

In diesem Kapitel soll es um die Ressourcen und Routinen gehen, die Hunde brauchen, um mit dem modernen Leben zurechtzukommen. Wie können Sie die Zeit des Alleinseins im Haus für den Hund erträglicher machen, wenn Sie zur Arbeit gehen? Wie kommt der Hund mit neuen Geräuschen, Gerüchen und dem Straßenverkehr zurecht, wenn Sie vom Land in die Stadt ziehen? Vielleicht erwarten Sie ja auch ein Kind und möchten, dass seine Beziehung zum Hund glücklich und gefahrlos wird. Auch das Thema, wie Sie Ihrem Hund dabei helfen können, besser mit Besuchen beim Tierarzt zurechtzukommen, ist wichtig.

Der arbeitende Hundebesitzer

Falls Ihr Hund Stress hat, wenn Sie ihn alleine zuhause lassen, gibt es mehrere Möglichkeiten. Sie könnten zum Beispiel überlegen, einen zweiten Hund anzuschaffen – oder vielleicht auch eine Katze; es gibt viele Beispiele für gelungene Hund-Katze-Partnerschaften. Die Entscheidung zur Anschaffung eines zweiten oder dritten Haustiers sollte aber nicht leichtfertig getroffen werden. Vielleicht können Sie erst einmal einen freundlichen Hund 'ausleihen' und schauen, wie es funktioniert. Nur wenn Sie sicher sind, dass Ihr Hund an der Gesellschaft eines anderen Tieres Freude hat, sollten Sie sich auf die Suche nach einem weiteren Welpen oder Hund aus dem Tierschutz machen.

Alternativ und falls Arbeiten von Zuhause aus keine Option ist, könnten Sie Ihren Arbeitgeber

Ihr Hund schläft nicht nur, wenn Sie nicht zuhause sind

Fällt Ihr Hund in ein zufriedenes Schläfchen oder wartet er leidend auf Ihre Rückkehr? Sie können es herausfinden, wenn Sie eine Kamera installieren und schauen, was der Hund während Ihrer Abwesenheit macht. Ich habe viele solcher Filmaufnahmen gesehen und weiß, dass die meisten Hunde nicht so friedlich schlafen, wie wir uns das gerne vorstellen. Eher laufen sie ruhelos winselnd umher und rühren ihre Spielsachen nicht an. Herzschlag und Blutdruck steigen meist dramatisch, wenn der Besitzer geht und sinken dann nach 15 - 30 Minuten wieder ungefähr auf Normalwerte. Typisch für alleingelassene Hunde ist, dass sie 5 oder 10 Minuten ruhig daliegen und dann eine Art Panikattacke bekommen: Sie laufen umher oder gehen ins Schlafzimmer, um dort an der Kleidung des Besitzers zu schnüffeln. Herzschlag und Blutdruck steigen während dieser Aktivitätsphasen sprunghaft an und sinken auf normal oder tiefer, wenn der Hund sich wieder in seinem offensichtlichen Trauerzustand hinlegt. Methoden gegen Trennungsstress sind ausführlicher in Kapitel 6 beschrieben. Natürlich gibt es aber auch glückliche Ausnahmen – Hunde, die nicht so abhängig von menschlicher Gesellschaft sind und entspannen oder sogar die Gelegenheit nutzen, um Schlaf nachzuholen, wenn ihre Besitzer weg sind. Solche Hunde wurden aber meistens auf Trennungen 'trainiert', weil sie etwa beim Züchter im Zwinger aufwuchsen. Hat man nun besser einen Hund, der einen liebt, aber leidet, wenn man weg ist, oder einen unabhängigeren? Ideal wäre der Kompromiss – einer, der allein nicht leidet, aber Ihre Gesellschaft genießt, wenn Sie zuhause sind.

Wie lange kann man einen Hund alleine lassen?

Viele Tierheime vermitteln keine Hunde an mehr als halbtags berufstätige Menschen, mit der Überlegung, dass Hunde soziale Wesen sind und nicht über lange Zeiträume alleine gelassen werden sollten. Ich sympathisiere mit dieser Ansicht und es versteht sich, dass Welpen während der entscheidenden Entwicklungsphase nie lange alleine sein dürfen. Bei erwachsenen Hunden sollte es aber nicht zur unausweichlichen Regel gemacht werden. Wir alle mussten unseren Hund schon einmal länger als vier oder fünf Stunden alleine lassen und fanden ihn bei unserer Rückkehr zufrieden vor, besonders wenn er Gesellschaft von einem anderen Hund hatte oder zwischendurch ein Nachbar vorbeigeschaut hat. Viele Tierheimhunde sind schließlich viel länger allein. Viele meiner Kunden hätten gerne einen Hund aus dem Tierheim übernommen, wurden aber wegen ihrer Berufstätigkeit abgelehnt. Folglich gehen sie los und kaufen einen Welpen, mit der unbeabsichtigten Folge, dass weniger erwachsene Hunde vermittelt und mehr Welpen auf den Markt gebracht werden, um die Nachfrage zu befriedigen.

fragen, ob es nicht möglich ist, dass Sie Ihren Hund mit zur Arbeit bringen. Viele Arbeitsplätze sind durchaus hundefreundlich und der Hund kann ruhig unter dem Schreibtisch oder der Werkbank liegen. Meiner Erfahrung nach verbessert ein gut erzogener Hund das Teamgefühl am Arbeitsplatz gleich auf vielerlei Weise. So erkundigen Besucher sich zum Beispiel zu Beginn einer Unterhaltung oft zuerst nach dem Hund und dann erst nach dem Chef. Wenn es Probleme gibt, kann er als sozialer Vermittler dienen – er ist ein viel vertrauenswürdigerer und unkritischerer Freund, als ein professioneller Mediator von einer Schlichtungsstelle es je sein könnte.

Hundetagesstätten

Wenn Sie den ganzen Tag außer Haus sind, sind Hundetagesstätten eine tolle Option. Sie sind in den USA sehr verbreitet und werden auch in Europa immer beliebter. Der Hund wird wie ein Kind im Kindergarten abgegeben und tagsüber in Kleingruppen, die nach Größe und Temperament der Hunde passend zusammmgestellt wurden, betreut. Viele Betreiber solcher Einrichtungen bestehen aber darauf, dass ihre 'Gäste' kastriert sind (um Kämpfe zu vermeiden) und lehnen aggressive Tiere ab. Klären Sie vorher ab, ob es genügend Spielmöglichkeiten für die Hunde gibt, ob sie an der Leine spazierengehen und ob sie die Möglichkeit zum ungestörten Schlaf und Rückzug haben. So hat Ihr Hund vielleicht eine tolle Zeit, während Sie einen harten Tag im Büro hatten! Natürlich können Sie auch einfach einen Nachbarn oder Freund bitten, sich tagsüber gegen Bezahlung um Ihren Hund zu kümmern.

Gassiservice

Gassi-Geher oder 'Dogwalker' ist ein in letzter Zeit ein aufstrebender Beruf und wird immer besser organisiert. Vielleicht haben Sie auch schon einmal beschriftete Kombis durch die Stadt fahren sehen, die Hunde bei ihren Besitzern zu Spaziergängen in Parks oder Feld und Wald abholen und später wieder zurückbringen. Das klingt toll, aber es gibt dabei auch Risiken und Gefahren. Ein Dogwalker muss die persönliche

Hundehaltung in der Wohnung – in Ordnung oder Quälerei?

Ganz praktisch betrachtet geben die Wohnkosten vor, wo wir leben und das Ideal eines 40 ha großen, rundum umzäunten Reiterhofs ist leider nicht für alle realisierbar. Engländer lieben ihre Gärten, die auch praktisch für Hunde sind. Die meisten Stadtbewohner in Japan oder der Schweiz, ganz zu schweigen von den meisten New Yorkern, Londonern oder Parisern, leben aber in Wohnungen ohne Höfe und Gärten. Kann man dort einen Hund halten? Weit verbreitet ist die Meinung, dass das Leben in einem Apartment nicht gut für einen Hund sei. Hunde brauchen frische Luft und weites Land, oder? Das stimmt zwar, aber die meisten Stadtparks bieten genauso gute oder bessere Bewegungsmöglichkeiten, als es in Vorstädten oder sogar auf dem Land der Fall ist.

Natürlich ist es bequemer, einen Hund in einer verregneten Nacht einfach in den Garten schicken zu können, wenn er muss, andererseits genießt er aber auch ihre Begleitung auf beaufsichtigten 'Toilettengängen'. Besondere Herausforderungen in Sachen Hygiene stellen sich bei Wohnungshaltung dann, wenn der Hund älter und vielleicht inkontinent ist. Hier kommen 'Pipipads' oder Hundeklos zum Einsatz, und viele Erfinder denken sogar über Varianten mit Wasserspülung nach. Eine einfache Variante für eine 'Innentoilette' kann aber auch sein, einfach saugfähiges Material in eine nicht mehr benötigte Duschtasse zu legen. In Japan, aber auch Korea und China ist diese Art der Wohnungshaltung, insbesondere von Kleinhunden, inzwischen die Norm. Die Hunde würden aber vermutlich, wenn man sie fragen könnte, Spaziergänge draußen bevorzugen, und sei es auch auf Stadtstraßen.

In Mietwohnungen ist die Hundehaltung nicht überall erlaubt oder die Zahl oder Größe der Hunde kann beschränkt sein. Hier müssen Sie sich einfach im Vorfeld beim möglichen Vermieter erkundigen oder Ihren Charme ins Spiel bringen und ihn davon überzeugen, dass Ihr Hund perfekt erzogen ist und einen wunderbaren Hausgenossen abgeben wird.

Es gibt keinen Grund dafür, warum ein Hund nicht auch in einer Wohnung glücklich sein sollte, solange Sie konsequent dafür sorgen, dass er genug Bewegung bekommt und regelmäßig zum Erledigen seines Geschäfts ausgeführt wird.

In manchen Stadtparks beschränkt die Verwaltung die Zahl der Hunde, die von einer Person geführt werden dürfen. Eine vernünftige Vorsichtsmaßnahme gegen die Belästigung anderer Parkbesucher durch ganze Rudel stürmischer Hunde.

Verantwortung für Wohlergehen, Sicherheit und Kontrolle der ihm anvertrauten Hunde übernehmen. Hat er oder sie die Kraft und Fähigkeit, um zwei, drei oder mehr Hunde auf einem Spaziergang unter Kontrolle zu halten? Bitten Sie um Referenzen und fragen andere Kunden, wie sie mit der Betreuung ihres Hundes zufrieden sind. Absolut wichtig ist, dass Ihr Hund ausreichend haftpflichtversichert ist. Fragen Sie auch nach, wie viele Hunde auf einmal ausgeführt werden. Das Maximum sollte meiner Meinung nach bei fünf liegen, besser wären drei oder vier.

Professionelle Gassigeher müssen extem diszipliniert und verantwortungsvoll sein, anderenfalls könnten sie das Leben Ihres besten Freundes aufs Spiel setzen.

Umzüge

Die moderne Arbeitswelt bringt es mit sich, dass die Menschen heute immer öfter umziehen. Umzüge sind schon für Menschen stressig genug, viel mehr sind sie es aber noch für die Tiere. Überall stehen Kisten herum, fremde Menschen tragen die Möbel weg und verändern das vertraute Zuhause. Dies ist ein guter Zeitpunkt, um den Hund in eine Tagesstätte, zu einem Nachbarn oder in eine Hundepension zu schicken, denn das Risiko, dass er traumatisiert wird, ist ansonsten groß.

Der Umzug in ein neues Heim ist schon Herausforderung genug. Prüfen Sie als allererstes, ob die Umzäunung des Grundstücks intakt ist – falls nein, besteht erhöhte Gefahr, dass Ihr Hund wegläuft und sich in der unbekannten

Autofahren

Autofahren ist die gefährlichste Aktivität, der man einen Hund aussetzen kann. Bei Menschen sind wir sicherheitsbewusst und investieren in Anschnallgurte und Airbags, aber was ist mit dem Hund? Schon ein Auffahrunfall bei geringer Geschwindigkeit oder eine plötzliche Bremsung verwandeln ihn in ein nach vorn fliegendes Geschoss, das sich selbst und die Menschen verletzen kann. Bei schwereren Unfällen können Türen sich öffnen und Hunde auf die Straße gelangen. Genau wie verantwortungsvolle Eltern nie ein Baby ohne entsprechende Sicherung im Auto transportieren würden, so sollte es auch bei Hunden sein. Verkehrsexperten und Polizei empfehlen, dass der Hund entweder in einer festen, aufprallsicheren und fest im Kofferraum verankerten Box reisen oder mit einem Geschirr angeschnallt sein sollte. Achten Sie bei einem solchen Geschirr nicht auf den Preis allein: Die schlechtere Qualität wird im

entscheidenden Moment versagen. Da es hier keine verbindlichen Sicherheitsstandards gibt, müssen Sie sich auf Ihre eigene Urteilsfähigkeit verlassen. Manche Hersteller unterziehen ihre Produkte aber einer freiwilligen TÜV-Prüfung.

Eine solche 'Kühlweste' ist eine vernünftige Sache bei heißem Wetter, besonders wenn Sie an Orten mit wenig Schatten unterwegs sind.

Umgebung verirrt. Denken Sie vorausschauend und reparieren Sie Zäune und Gartentore schon vor dem Umzug. Der Zaun ist wichtiger als die neue Küche oder das neue Bad.

Zum Glück lieben die meisten Hunde aber auch die Abwechslung. Vielleicht hat Ihr Hund im neuen Zuhause ja mehr Platz, freundliche Nachbarhunde und einen kürzeren Weg zur nächsten Hundewiese! Was die Nachbarn betrifft, spreche ich aus großer Erfahrung in Streitschlichtungsversuchen: Machen Sie sich vor dem Umzug die Mühe, sich die nächsten Nachbarn genau anzusehen und ziehen Sie nicht in ein möglicherweise hundefeindliches Umfeld. Auch wenn Sie Ihren Hund lieben, können Sie nicht vom Rest der Welt erwarten, dass er diese Gefühle mit Ihnen teilt.

Urlaub

Hotels und Ferienwohnungen werden sich immer bewusster darüber, dass wir den Urlaub nicht gern ohne unsere Hunde verbringen. Hundefreundliche Hotels, Resorts, Campingplätze und Ferienwohnungen sind heute gut im Internet zu finden. Die meisten verlangen eine geringe, aber gerechtfertigte 'Reinigungspauschale' für Hunde und möglicherweise gibt es Beschränkungen, wo Sie Ihren Hund mit hinnehmen dürfen und wo nicht. So können Hunde im Hotelrestaurant oder Frühstücksraum unerwünscht sein, dies ist jedoch von Haus zu Haus verschieden.

Sommerferien am Meer mögen ideal für Hunde klingen, aber nur, wenn es nicht zu heiß ist. An schattenlosen Stränden leiden sie sonst unter Hitze und Wassermangel und die Gefahr eines Hitzschlags ist groß, insbesondere für brachyzephale Rassen mit kurzem Fang wie etwa Bulldogs oder Boxer. Besser bleiben sie zuhause oder in einer Hundepension (s. nächste Seite).

Wenn Ihr Hund unter der Hitze leidet (was besonders bei jungen, alten oder kurznasigen Hunden der Fall ist) können Sie ihm eine 'Kühlweste' kaufen. Sie wird in Wasser getaucht und hält den Hund durch die ständige Verdunstung kühl, lässt aber keine Feuchtigkeit an den Körper. Nehmen Sie im Sommer immer genug Wasser mit, um die Weste 'nachzuladen'.

Hundepensionen

Die sichere und vernünftige Alternative zum Mitnehmen des Hundes in den Urlaub ist eine gute Hundepension. Die Erfahrung der Trennung vom gewohnten Zuhause ist weniger traumatisierend, wenn Sie ihn schon in frühem Alter, wenn er noch anpassungsfähiger ist, daran gewöhnt haben. Hundepensionen werden von den Veterinärämtern überprüft, um Minimalstandards in Platzangebot, Hygiene, Ausbildung des Pflegepersonals und so weiter zu gewährleisten. Lassen Sie sich diese Unterlagen vorab zeigen.

Sprechen Sie mit dem Personal, das Ihren Hund betreuen wird, schauen Sie den Zwinger an, in dem er untergebracht sein wird und versichern Sie sich, dass man sich so um ihn kümmert, wie Sie es erwarten. Ideal wäre, wenn Sie ihn vor dem Urlaub zu einem Probeaufenthalt von 24 oder 48 Stunden bringen würden, um zu sehen, wie er zurechtkommt. Alle Hundepension bestehen auf dem Nachweis gültiger Impfungen und einer Haftpflichtversicherung, manche verlangen auch vorbeugende Behandlung gegen Zwingerhusten. Hinterlassen Sie in der Pension die Kontaktdaten von sich selbst, Familienmitgliedern und vor allem Ihrem Tierarzt.

Am besten nehmen Sie von zuhause vertraute Dinge wie Schlafdecke oder Spielzeuge mit. Achten Sie auch darauf, dass er das gleiche Futter bekommt wie bei Ihnen. Und dann hoffen Sie, dass das Erlebnis ihn nicht zu sehr stressen wird! In einer gut geführten Hundepension muss es nicht sein, dass die Hunde verzweifelt bellen oder andere Zeichen von Stress und gestörtem Verhalten zeigen. Vielleicht gibt es ja sogar vor Ort eine Webcam, sodass Sie von unterwegs über das Internet schauen können, wie es Ihrem Hund geht. Aber seien Sie gewarnt – möglicherweise macht es Sie auch traurig, was Sie dort sehen!

Hund und Baby

In Beratungsgesprächen mit Kunden versuche ich immer auch psychologisch zu ergründen, wie diese ihre Beziehung zum Hund betrachten. Ist er nur eine 'tierische' Ergänzung zur Familie, oder

---

Der beschützerische Hund

Anstatt Kinder der eigenen Familie anzugreifen, so meine Erfahrung, entwickeln Hunde viel eher einen zu starken Schutztrieb gegenüber 'ihrem' Kind und verteidigen es gegenüber Menschen, die sie als Bedrohung betrachten. Dieses Problem lässt sich meistens durch eine Rückkehr zu den Grundprinzipien des Lernens beheben (s. Kap. 4). Schaffen Sie positive Verknüpfungen von sich nähernden Fremden mit Futter, aber arbeiten Sie auch mit Strafe, wenn der Hund den Fremden bedroht. Suchen Sie im Zweifelsfall professionelle Hilfe und benutzen Sie einen Maulkorb, wenn das Risiko des Beißens besteht.

Legen Sie dem Hund lieber einen Maulkorb an, bevor er eventuell jemanden aus Schutztrieb beißt.

ist die Beziehung eher die von 'Hundeeltern', die ihren Hund so ähnlich behandeln und mit ihm sprechen wie mit einem Kind? Viele von uns gehören zu letzterer Kategorie (ich bekenne mich schuldig!) und das Phänomen erstreckt sich über alle Altersgruppen: Eltern, deren Kinder aus dem Haus sind, behandeln ihre Hunde genauso häufig wie Kleinkinder, wie jüngere Menschen es tun.

Wenn ein 'echtes' Baby die Szene betritt, ist es aber Zeit für einen Realitätscheck: ein etwas rüpeliger Hund wird angesichts eines verletzlichen Kleinkinds definitiv seine Manieren verbessern müssen. Werdende Eltern haben oft Angst, der Hund könnte sich in einer Eifersuchtsattacke auf den Neuankömmling stürzen, die Katze würde ihn in seinem Gitterbett ersticken oder der Hund würde Krankheiten ins Haus bringen. Zum Glück sind diese Befürchtungen in den allermeisten Fällen unbegründet, aber es gibt trotzdem einige Verhaltenssignale, auf die Sie achten sollten, bevor das Baby nach Hause kommt.

Wann drohen Probleme?

Falls Sie Freunde oder Verwandte mit Baby haben, nutzen Sie diese Gelegenheit, um die Reaktion Ihres Hundes darauf zu beobachten. Dreht das Schreien eines Säuglings Ihren Terrier genauso auf wie das Quietschen seines Lieblingsspielzeugs? Bedroht er Kinder draußen oder zuhause mit starren Blicken oder Schlimmerem? Dies sind ziemlich offensichtliche Warnsignale dafür, dass es vielleicht nicht realistisch sein kann, Hund und Baby miteinander zu kombinieren. Bei den hundebesitzenden Eltern, die mich um Rat fragen, kommt es aber nur selten zu diesem Ergebnis.

Was können Sie tun, um Ihren Hund auf die Ankunft des Babys vorzubereiten? Vor allem muss ein gewisser Grundgehorsam gesichert sein: Er muss sich auf Kommando hinsetzen

Gewöhnen Sie Ihren Hund an Kleinkinder, behalten aber dabei beide immer unter Aufsicht.

und erst wieder aufstehen, wenn Sie es ihm sagen. Trainieren Sie auch, dass er längere Zeit auf seinem Platz oder in seiner Box bleibt. Bringen Sie Absperrgitter an, um Ihren Hund von Zimmern fernzuhalten, in denen das Kind manchmal unbeaufsichtigt ist. Lassen Sie den Hund niemals ohne Ihre Aufsicht zum Baby oder überhaupt zu einem Kleinkind von etwa unter zehn Jahren.

Nehmen Sie Ihren Hund zu Freunden mit, die kleine Kinder haben. Lassen Sie ihn Sitz machen und geben Sie ihm Leckerchen dafür, dass er ihre Nähe duldet. Begleiten Sie Eltern auf Spaziergängen mit dem Kinderwagen, sodass der Hund auch hier lernt: 'Babys bringen mir Gutes!'

Sollten Sie in dieser Phase der Vorab-Überprüfung Ihres Hundes irgendwelche Zweifel bekommen, fragen Sie einen Profi um Rat. Vielleicht kann Ihr Tierarzt Sie an einen erfahrenen Trainer oder Verhaltenstherapeuten verweisen, der die Hund-Kind-Erfahrung selbst schon gemacht hat und eine unabhängige Einschätzung Ihrer speziellen Situation geben kann.

Machen Sie Ihren Hund so bald wie möglich unter sorgfältiger Aufsicht mit dem Baby bekannt.

Das Neugeborene kommt nach Hause

In dem Moment, in dem Sie Ihr Neugeborenes nach Hause bringen, müssen Sie den Hund mit seinem zukünftigen besten Freund bekanntmachen. Natürlich müssen Sie dabei vorsichtig sein, erst recht, wenn es jetzt oder in Zukunft Hinweise auf Eifersucht oder Drohverhalten von Seiten des Hundes gibt. Für das erste Bekanntmachen brauchen Sie am besten zwei oder drei Personen, eine, die den Hund festhält und eine, die den Säugling in Sicht-, aber außer Reichweite hält. Machen Sie sich das 'Sitz' zunutze und beziehen Sie den Hund ab sofort möglichst viel in den Alltag mit dem Baby ein: Füttern, Waschen oder Spielen. Nehmen Sie Hund und Kind wann immer möglich gemeinsam auf Spaziergänge mit – gute Leinenführigkeit des Hundes vorausgesetzt (s. Kap. 4).

Krabbelkinder

Krabbelkinder können Hunden schreckliche Dinge antun. Bemerkenswert viele stecken aber Erstaunliches weg, weil sie eine Rolle als hündische 'Miteltern' übernehmen. Trotzdem brauchen sowohl Kind als auch Hund ständige Aufsicht und sogar strikte Einschränkung. Die Dynamik der Kind-Hund-Beziehung ändert sich dann dramatisch, wenn das Kind zu laufen beginnt. In dem Moment, wo es sich auf beide Füße stellt, macht es klar, dass es nicht irgendein seltsames unbehaartes Lebewesen ist, sondern die gleichen Merkmale hat wie andere Menschen auch. Jetzt ist der Zeitpunkt gekommen, an dem das Kind sich in Schwierigkeiten bringen kann, indem es Futter oder Spielsachen des Hundes anfasst oder an ihm herumzieht. Viele Krabbelkinder benutzen den Hund als Gehhilfe, und viele Hunde akzeptieren diese Rolle sogar willig. Hunde haben einen starken Pflegeinstinkt, den sie in ihrem natürlichen Rudel auch auf nicht verwandte Welpen ausdehnen. Da ist es ganz normal, dass sie den gleichen Fürsorge-Instinkt auch auf menschliche Babys übertragen.

Als Eltern müssen Sie jederzeit wachsam sein, weil es in jedem Alter zu Problemen zwischen Kind und Hund kommen kann. Beißvorfälle mit Kleinkindern und Familienhunden machen Schlagzeilen, weil sie so selten sind, sollten aber auch als Warnung dienen. Sollten Sie sich zu irgendeiner Zeit oder in irgendeiner Situation nicht ganz sicher sein, legen Sie dem Hund in der Nähe des Kindes einen Maulkorb an. Im schlimmsten Fall müssen Sie ein neues Zuhause für ihn suchen. Das ist zwar eine harte Entscheidung, aber eine, die man als verantwortungsbewusste Eltern zu treffen bereit sein muss.

Auf der positiven Seite steht, dass es ziemlich ähnliche Fertigkeiten erfordert, sich um Hunde und Kinder zu kümmern: Hunde machen sich schmutzig, verlangen nach ständiger Aufmerksamkeit und fühlen sich wohl, wenn es einen geregelten Tagesablauf gibt. Genau wie Kinder! Aber erst in dem Moment, wenn die Kinder größer werden und ihre ersten eigenständigen Entdeckungstouren in Feld und Wald zusammen mit ihrem besten Freund unternehmen, schließt sich die Hund-Kind-Beziehung und wird so richtig schön. Das Kind wird vom Umsorgten selbst zum Fürsorger und beschützt den Hund mit freundlicher Autorität. Ihr Hund kann ein wunderbarer Teil des Großwerdens Ihres Kindes sein!

Zum Tierarzt

Viele Hunde gehen ebenso ungern zum Tierarzt wie wir zum Zahnarzt. Der Arztkittel, der Geruch von Desinfektionsmittel, Medikamenten und gestressten Hunden formen schon früh im Leben eines Welpen eine Erinnerung, die später schwierig zu löschen sein kann. Dabei verdienen Tierärzte dieses Misstrauen gar nicht, denn im Großen und Ganzen sind sie ein sehr hundeliebes Völkchen! Es lohnt sich daher, etwas Zeit und Kreativität in die Verringerung der unbegründeten Ängste Ihres Hundes zu investieren – was natürlich in Zusammenarbeit mit Ihrem Tierarzt und seinem Personal geschehen muss. Was sich auch für den Tierarzt

lohnt, denn er profitiert von einer angenehmeren Patientenbeziehung, weniger Stress und Gefahr durch den Umgang mit einem ängstlichen Hund. Außerdem kann er sich ein viel realistischeres Bild vom Befinden eines Hundes machen, wenn er ihn in entspanntem Zustand sieht: Akuter Stress beeinflusst Herz-, Verdauungs- oder Stoffwechselfunktion erheblich und kann sich sogar auf die Ergebnisse von Blutuntersuchungen auswirken.

Ihr Welpe beim Tierarzt

Wie können Sie Ihren Hund davon überzeugen, dass Tierarztbesuche nichts Schlimmes sind? Am besten beginnt man damit natürlich im Welpenalter beim ersten Kontroll- und Impftermin. Er sollte ganz ohne Hektik und mit viel Streicheln, Lob und Leckerchen von Seiten des Tierarztes und seiner Angestellten ablaufen. Sehr wichtig dabei ist, dass die unvermeidliche Erfahrung mit der Spritzennadel bis ganz zum Schluss aufgehoben wird, wenn die Ausgangstür schon aufgeht und der Welpe mit dem Ende der Sitzung belohnt wird. Leider wird es oft genau

Tellington Touch

Linda Tellington Jones hat ein eigenes Verfahren zur Behandlung verschiedener Störungen bei Tieren und Menschen entwickelt. Eine Kombination verschiedener Berührungen (Touches) und Bewegungsübungen hilft Spannungen abzubauen, Körperbewusstsein und Balance zu verbessern. Besonders bei ängstlichen Hunden habe ich sehr gute Ergebnisse damit gesehen. Konsultieren Sie aber nur einen lizensierten TT-Practitioner mit der richtigen Ausbildung.

andersherum gemacht – das Unangenehme kommt am Anfang und das Reden, Streicheln und Füttern hinterher. Nach einer Injektion kann aber keine Belohnung so groß sein wie das Verlassen der Praxis!

Lösungen für erwachsene Hunde

Hunde mit schon lange bestehender Tierarzt-Angst benötigen ein geplantes Training, um zu lernen, dass Parkplatz, Warte- und Behandlungszimmer doch gar nicht so schrecklich sind. Eine einzige schmerzhafte Erfahrung braucht vielleicht Dutzende positive, um die unangenehmen Erinnerungen auszugleichen. Bitten Sie Ihren Tierarzt um Hilfe und die Erlaubnis, zu einer Zeit in die Praxis kommen zu dürfen, wenn es ruhig ist und das Personal Zeit für Streicheln und Füttern hat, ohne dass eine tatsächliche Behandlung stattfindet. Angst vor dem Tierarzt kann den Schweregrad einer echten Phobie annehmen, weshalb auch die gleichen Behandlungsprinzipien gelten: den Hund nur in kleinen Portionen dem Reiz aussetzen und immer für Belohnungen sorgen (s.S.108).

Aber selbst beim freundlichsten Tierarzt wird es Hunde geben, die zu beißen versuchen – entweder den Tierarzt oder die Person, die sie festhalten. Solche Hunde müssen vorab an einen Maulorb gewöhnt werden. Machen Sie das zuhause und in Verbindung mit all den üblichen Aktivitäten, die Ihr Hund gerne mag. Er darf das Tragen des Maulkorbs nicht als etwas betrachten, das nur beim Tierarzt passiert, sondern auch als Ankündigung einer Mahlzeit oder Zuneigung von Ihnen. Zum Glück gibt es heutzutage Maulkörbe, mit denen Ihr Hund auch Leckerchen fressen kann. Sie haben die Arbeit mit gefährlichen Hunden wirklich revolutioniert. Vielleicht muss aber auch der Tierarzt Zugeständnisse machen. Könnte er eventuell etwas anderes tragen als die übliche Praxiskleidung, die Ihr Hund hasst? Muss der Hund unbedingt auf den Behandlungstisch gehoben werden, oder kann er nicht auch auf dem Boden untersucht werden? Vielleicht kann die Untersuchung auch draußen stattfinden oder sogar im Kofferraum Ihres Autos. Ich rate Tierärzten immer, etwas Zeit in ihre Patienten zu investieren und mit ihnen einen ganz kurzen Spaziergang zu unternehmen, ihnen einen Ball zu werfen oder mit einem Quietschespielzeug zu spielen anstatt immer nur als Hundearzt aufzutreten. Diese Dinge können einmal

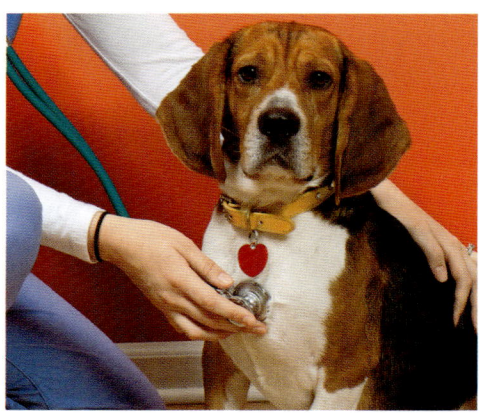

Ein guter Tierarzt investiert auch Zeit in den Aufbau einer guten Beziehung zu seinen vierbeinigen Patienten.

Leckerchen vom Tierarzt oder seiner Helferin verhelfen ebenfalls zu einer reibungslosen Untersuchung.

Im Hundesalon

Bei manchen Rassen ist die korrekte
Fellpflege entscheidend für Gesundheit und
Wohlbefinden. Der erste Besuch im Hundesalon
kann aber für den Welpen erschreckend sein,
wenn man falsch damit umgeht. Der junge
Hund sollte erst Leckerchen und Spielzeuge
bekommen, bevor man ihn mit Kämmen,
Bürsten und Scherapparaten vertraut macht.
Ein professioneller Hundefriseur oder
'Groomer' sorgt dafür, dass der Hund immer
freie Sicht hat und sich auch im Sommer
wohlfühlt. Er bemerkt auch erste Anzeichen für
Hauterkrankungen oder Parasiten.

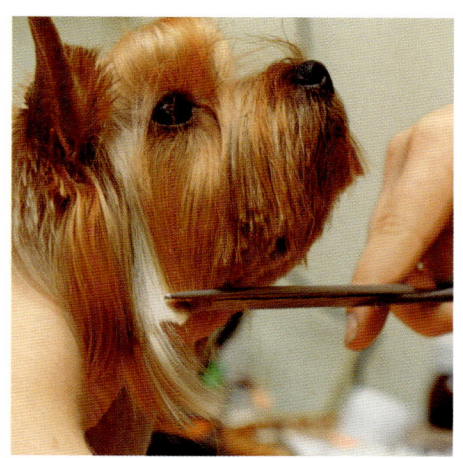

lebenswichtig werden, falls Ihr Hund einen
Notfall erleidet und stationär behandelt werden
muss. Und wenn er älter wird, wird er definitiv
das Können und die Freundschaft des Tierarztes
brauchen, um auch in den letzten Jahren seine
Lebensqualität zu bewahren.

Hausbesuche

Letztlich gibt es immer auch die Möglichkeit,
dass der Tierarzt zu Ihnen nach Hause kommt.
Für den Hund ist das natürlich wesentlich
entspannter und mich wundert immer
wieder, warum nicht mehr Tierärzte dies
von sich aus anbieten. Der Nachteil für den
Tierarzt ist natürlich, dass er Zeit mit Fahren
verliert und weder seine Helferin noch seine
Praxisausstattung zur Verfügung hat. Hier muss
einfach von Fall zu Fall entschieden werden.
Ich kenne ein paar Pioniere im Tierärzteberuf,
die sich dazu entschieden haben, ausschließlich
mit Hausbesuchen zu arbeiten. Wenn kleinere
Prozeduren außerhalb des Hauses durchgeführt
werden müssen, haben sie dafür speziell
ausgestattete 'Tierkrankenwagen' zur Verfügung.

Es gibt viele einfallsreiche Alternativen zur
konventionellen Tierarztpraxis. Wichtig ist,
dass Ihr Hund eine gute Behandlung erfährt
und so wenig wie möglich emotional unter der
Erfahrung leidet.

In den USA gibt es eine interessante
Entwicklung hin zur Hausbetreuung von nicht
mehr heilbaren Hunden durch speziell dafür
ausgebildete Tierärzte. Sie spezialisieren sich
auf Schmerzlinderung für alte oder kranke
Hunde, legen Katheter und sorgen für das
allgemeine Wohlbefinden bis zum Tod oder
der Euthanasie. Die Idee ist natürlich dem
Konzept der menschlichen Sterbebegleitung
entlehnt und ein Mittelweg zwischen aggressiver
Medikamentenbehandlung und sofortiger
(verfrühter?) Euthanasie.

Was wir heute haben ist also der ultimative
Ausdruck der 'Humanisierung' unserer Mensch-
Hund-Beziehung: Wir behandeln Welpen wie
Babys, erwachsene Hunde wie kleine Menschen
innerhalb der Familie und sorgen am Ende vor
dem endgültigen Abschied für eine künstliche
Lebensverlängerung.

9 Der ältere Hund

Ein neuer Lebensabschnitt

Der ältere Hund

Die fortgeschrittenen Jahre können die schönsten für Sie beide sein, aber Ihr Hund wird zweifellos anfälliger. In diesem Kapitel geht es um Beschwerden wie Taubheit und Arthritis, aber auch altersbedingte geistige Probleme und den schwierigen Moment des Abschieds.

Ich hatte das große Glück, mit 12 Hunden zu leben, die alle 10, 12 und 14 Jahre alt geworden sind. Der derzeitige, PC, ist mit 16 immer noch fit. Immer waren es die letzten Jahre, die mich emotional am meisten beeinflusst haben und in denen ich die Freundschaft meiner Hunde am meisten schätzte. In diesem Kapitel geht es um die besonderen Herausforderungen der Fürsorge für Ihren besten Freund in einer Zeit die, im Nachhinein betrachtet, vielleicht Ihre schönste gemeinsame war.

Das Leben mit einem älteren Hund hat viele positive Seiten. Sie fordern meist weniger und sind sanfter und liebevoller als in jungen Jahren. Sie schlafen viel, machen nichts im Haus kaputt und streunen auch nicht mehr auf der Suche nach Hündinnen oder anderen Abenteuern umher. Leider muss ich in diesem Kapitel mehr über die Probleme als über die Freuden des Alterns schreiben, aber viele Hunde bleiben auch bis zum letzten Atemzug gesund, aktiv und lebensfroh.

Genau wie Menschen werden auch Hunde heute älter als früher. Allerdings müssen sie auch einen Preis dafür zahlen, dass wir den Tod überlisten, den die Natur eigentlich schon für einen früheren Zeitpunkt vorgesehen hatte. Die Faktoren, die bei Mensch und Hund zu einem längeren Leben beitragen, sind Verbesserungen in der medizinischen Versorgung: Impfungen, Parasitenkontrolle, Antibiotika und Fortschritte

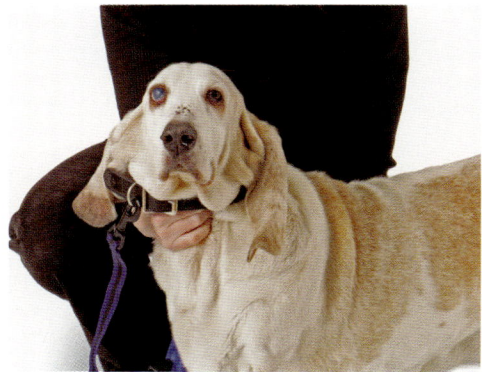

Alte Hunde könnten uns bestimmt so manches über die Schrulligkeiten und Macken ihrer Besitzer erzählen.

in der geriatrischen Medizin sind die Hauptfaktoren, was Hunde angeht.

Auch die Genetik beeinflusst mit, wie lange ein Hund lebt. Kleine Hunde werden meist älter als größere und haben zum Teil sogar die doppelte Lebenserwartung. Doggen erleben zum Beispiel nur selten ihren zehnten Geburtstag, während Jack Russell oft zwölf oder mehr Jahre alt werden. Dafür gibt es mehrere Gründe, wobei der wichtigste ist, dass das Herz eines großen Hundes mehr arbeiten muss, um die Körperfunktionen aufrecht zu erhalten.

Medizinische Probleme

Das Alter selbst ist keine Krankheit, aber ein älterer Hund ist anfälliger für Krankheiten, als er es in jüngeren Jahren war. Die Geißel älterer Hunde ist vor allem Arthritis, die die Gelenke befällt und die gleichen chronischen Schmerzen hervorruft wie bei uns Menschen. Aber genau wie bei uns kann die Krankheit auch bei Hunden durch entzündungshemmende Medikamente sowie einen besonderen Bewegungs- und Ernährungsplan gelindert werden.

Wie messen wir eigentlich das Wohlbefinden bei Hunden? Wie die meisten Tiere ertragen sie Schmerzen eher stoisch, weil sie in der Natur bei Anzeichen von Schwäche sonst eher von einem Raubtier gerissen oder von einem fitteren Gruppenmitglied zu einem Kampf um den Platz in der Hierarchie herausgefordert würden. Umso mehr Grund für Sie, sorgfältig auf Anzeichen dafür zu achten, dass Ihr bester Freund Schmerzen haben könnte und seine allgemeine Lebensqualität zu überprüfen.

Ein guter Ausgangspunkt dafür ist eine jährliche gründliche Kontrolluntersuchung durch den Tierarzt ab dem mittleren Alter. Er tastet die wichtigsten Organe ab, bewegt die Läufe, überprüft Zahnfleisch und Zähne und untersucht das Blut auf Frühanzeichen für Lebererkrankungen, Diabetes und so weiter.

Es lohnt sich auch, es sich zur festen Gewohnheit zu machen, den Hund jeden Tag ein paar Minuten zu beobachten und zu schauen, ob sein Verhalten sich in irgendeiner Weise von dem gewohnten unterscheidet.

Hören und Sehen

Etwa 50 Prozent der Hunde über 12 Jahren verlieren erheblich an Hörkraft. Paradox dabei ist, dass viele auch geräuschempfindlicher zu werden scheinen, was aber daran liegen kann, dass sie nun auf Geräusche reagieren, die sie früher ignoriert haben. Ältere Hunde haben oft Angst vor Donner, Feuerwerk oder ähnlichen Knallgeräuschen, die ihnen in jüngeren Jahren nichts ausgemacht haben. Völlige Taubheit löst dieses Problem dann natürlich wieder.

Schlüsselmerkmale für Wohlbefinden

Achten Sie bei Ihrem alternden Hund auf:

- **Schlaf:** schläft er unruhig, weniger oder mehr als sonst?
- **Ansprechbarkeit:** begrüßt er Sie wie gewohnt oder müssen Sie ihn nun aufwecken?
- **Fressen:** frisst er mehr oder weniger als sonst?
- **Bewegung:** geht und läuft er koordiniert, oder lahmt er und ist beim Ballwerfen oder anderen Spielen weniger begeistert bei der Sache als früher?
- **Vokalisierungen:** winselt oder kläfft er oder macht andere Geräusche, die auf Schmerzen oder Leiden hinweisen, besonders direkt nach dem Aufstehen?
- **Trinken:** mehr oder weniger als sonst? Übermäßiger Durst ist ein Frühanzeichen für eine Nierenerkrankung oder Diabetes.
- **Spielen:** Spielt er noch gerne mit anderen Hunden, auch raue Fang- und Kampfspiele?

Wenn Sie bei einem dieser Verhalten deutliche Veränderungen sehen, besprechen Sie als erstes mit Ihrem Tierarzt den kurzfristigen Einsatz von Schmerzmitteln oder Entzündungshemmern. Der Effekt kann erheblich sein: Ich habe schon oft erlebt, wie ein mürrischer und depressiver Hund auflebte, wenn er seine chronischen Schmerzen los war. Geben Sie Ihrem Hund aber auf keinen Fall eigenmächtig für Menschen gedachte Schmerzmittel wie etwa Aspirin, Ibuprofen oder Paracetamol.

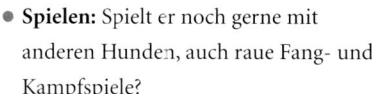

Ich hatte auch schon ältere Hundepatienten in Behandlung, die von den Geräuschen von Spülmaschinen, Telefonen oder summenden Insekten gestresst waren. Bei einem Hörtest kommt dann immer heraus, dass die Sensibilität gegenüber höheren Tonfrequenzen herabgesetzt ist. Manche Hunde scheinen das zu kompensieren, indem sie stärker auf niedrigere Frequenzen achten und diesen gegenüber auch empfindlicher sind. Sie bilden dann im Weiteren neue Verknüpfungen mit der Welt um sie herum, wozu auch die Entstehung irrationaler Ängste vor Geräuschen gehört.

Mit einem tauben Hund leben

Praktisch gesagt müssen Sie die Aufmerksamkeit eines tauben Hundes vielleicht dadurch auf sich ziehen, indem Sie mit den Füßen aufstampfen, schwere Gegenstände aneinanderschlagen oder sogar einen Gong benutzen. Hunde lernen aber sehr schnell, einen Ersatz für die gesprochene Sprache zu finden, mit der Sie sich bislang mit ihm verständigt haben. Die Standardkommandos 'Hier', 'Sitz' und 'Bleib' lassen sich leicht in Handsignale und Gesichtsausdrücke übersetzen. Viel einfacher ist es natürlich für Ihren Hund, wenn Sie schon in jüngeren Jahren Stimm- und

Wenn Ihr Hund taub wird, fordern Sie besonders seine anderen Sinne und beteiligen ihn weiter am Alltag.

Sichtzeichen miteinander kombiniert haben. Studien weisen darauf hin, dass Hunde jeden Alters besser auf Sicht- als auf Hörzeichen reagieren, auf die wir Menschen uns so gerne verlassen.

Taube Menschen beklagen sich oft über ein Gefühl der Isolation und des 'außen vor seins', und vermutlich geht es Hunden genauso. Bemühen Sie sich, über andere Wege mit ihm zu kommunizieren wie etwa Sehen, Berührung oder auch Geruch. In der Praxis besteht eine besonders große Herausforderung darin, die Aufmerksamkeit eines tauben Hundes zu

---

Fallbeispiel: **Gyp, der Border Collie, der nicht in Rente wollte**

Vor Jahren hatten wir auf der Farm meiner Eltern in Devon einen Border Collie als Hütehund. Als seine Augen schwächer wurden, trieb der alte Gyp weiterhin die Schafe und Kühe nach Hause, weil er jeden Zaun, jedes Tor und jeden Graben genau kannte. Ich vermute, dass er sich auch mit Nase und Ohren orientierte. Es machte Spaß, ihm bei der Arbeit zuzusehen, aber es gab fast immer ein bockiges Schaf, das abseits von der Herde still stehen blieb und Gyp deshalb

entging. Mein Vater schickte ihn dann nochmals zurück und Gyp war sichtlich frustriert, dass dieses eine Tier nicht der Herde folgte, so wie es sich für Schafe in Anwesenheit eines Border Collies gehörte. Was wir daraus lernen können, ist, dass blinde Hunde eine gute Lebensqualität haben können, wir aber nicht unnötig Möbel im Haus umstellen sollten und auf Gefahrenquellen wie lose Stromkabel oder offene Swimming Pools achten müssen.

gewinnen, wenn er auf eine Gefahr zuläuft und ein sofortiger Rückruf lebenswichtig ist. Zum Glück gibt es mit dem in Kapitel 3 vorgestellten Vibrationshalsband ein technisches Hilfsmittel für diese Fälle. Wie ich schon zum Problem der tauben Dalmatiner sagte: Meiner Erfahrung nach können taube Hunde eine gute Lebensqualität haben und glücklich mit anderen Hunden und Menschen interagieren, auch wenn die Beziehungen anders sind als die, die sie mit normalem Gehör erlebt hatten.

Nachlassende Sehkraft

Sehbehinderungen und völlige Blindheit sind bei älteren Hunden seltener als nachlassendes Gehör. Zum Glück sind Hunde genau wie Menschen sehr gut darin, auch mit wenig verbliebener Sehkraft gut zurechtzukommen. Ich kannte einmal einen Hund, der nach dem Ergebnis der Augenuntersuchung blind war, tatsächlich aber genügend Licht wahrnehmen konnte, um Gegenstände zu umlaufen oder seiner Besitzerin zu folgen.

Wenn Sie den Eindruck haben, dass die Sehkraft Ihres Hundes nachlässt, bitten Sie den Tierarzt um eine Untersuchung oder Überweisung an einen Augenspezialisten.

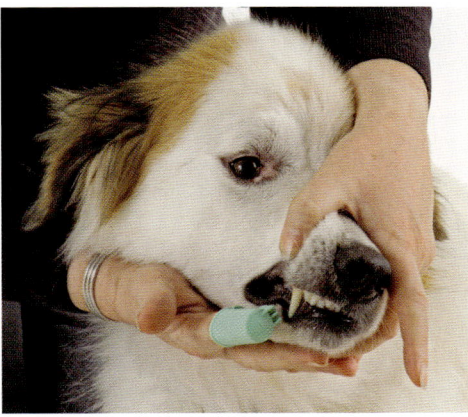

Überprüfen Sie Zahnfleisch und Zähne regelmäßig. Ein gesundes Maul trägt erheblich zum Wohlbefinden bei.

Degenerative Erkrankungen wie zum Beispiel Star können bei Hunden genauso gut operativ behandelt werden wie bei Menschen.

Zahngesundheit

Zahnerkrankungen haben bei Hunden fast epidemisches Ausmaß, was ich vor allem der Fütterung von zu viel Fertigfutter zuschreibe (s. Kap. 7). Eine Kombination aus besserer Ernährung, regelmäßigen tierärztlichen Vorsorgeuntersuchungen und zuhause durchgeführter Zahnhygiene kann Erkrankungen der Maulhöhle vollständig vorbeugen. Ältere Hunde leiden aber öfter unter sich zurückbildendem Zahnfleisch, weil dieses chronische Infektionen beherbergt, die dann auch für den Rest des Körpers zu einer Quelle ständig wiederkehrender Infektionen werden. Am Atem des Hundes lässt sich das gut erkennen: ist der Geruch angenehm (wenn auch vielleicht aktuell nach Kuhfladen!) oder faulig, wie er durch gasbildende anaerobe Bakterien entsteht? Wenn letzteres, bedenken Sie nur einmal die Auswirkungen auf die Selbstachtung des Hundes, wenn wir oder vielleicht auch andere Hunde sich angesichts ihres Mundgeruchs angeekelt von ihnen abwenden.

Die gleichen krankmachenden Bakterien gefährden auch die Gesundheit des restlichen Körpers, besonders, wenn sie die Mitralklappen des Herzens befallen. Effektive Zahnpflege Ihres Hundes ist deshalb kein kosmetischer Luxus, sondern eine lebensverlängernde Investiton in sein Wohlbefinden.

Seit langem bin ich schon ein großer Befürworter der innerhalb der Tiermedizin relativ vernachlässigten Zahnheilkunde. Untersuchen Sie das Zahnfleisch Ihres Hundes regelmäßig und achten Sie auf verräterische entzündete und blutige Streifen an den Zahnrändern. Sind Zähne abgebrochen oder infiziert (sie könnten dann blau oder schwarz aussehen)? Chronische Schmerzen

Alte Hunde müssen nicht unbedingt für schlechte Luft im Haus sorgen

In schlimmen Fällen von Harninkontinenz Ihres Hundes werden Sie eine Menge Wäsche waschen und stets einen Vorrat von Handtüchern und Plastikfolie bereithalten müssen. Ich hatte Kunden, deren gesamter Haushalt von einem älteren inkontinenten Hund bestimmt wurde: der Geruch, wenn man ins Haus kam und der Zustand der Teppiche verrieten, zu welchen Zugeständnissen die Besitzer für ihren Hund bereit waren. Das muss nicht so sein, denn man kann inkontinente Hunde durchaus an das Tragen von Windeln gewöhnen.

von schadhaften Zähnen oder entzündetem Zahnfleisch können bei Hunden jeden Alters vorkommen. Wahrscheinlicher sind sie aber bei einem älteren Tier, dessen Symptome übersehen oder für die üblichen Alterswehwehchen gehalten wurden. Ich habe oft gesehen, wie solche Hunde nach einer guten Zahnbehandlung wieder eine komplette Verjüngung erlebt haben.

Inkontinenz und Stubenunreinheit

Das Alter bringt manchmal Veränderungen in der Stubenreinheit mit sich, sodass ein Hund, der immer verlässlich die ganze Nacht durchhielt, nun vielleicht ins Haus macht. Vielleicht verliert er die Kontrolle über seine Blase wenn er schläft, sich bei Begrüßungen freut oder sonst aufregende Dinge erlebt. Dies sind typische altersbedingte Veränderungen an der neurologischen Kontrolle von Blase und Schließmuskel. Vielleicht

Fallbeispiel: Jolene, der arthritische Collie

Ein Schlüsselfaktor für den Verlust der Stubenreinheit können auch Arthritis und die damit verbundenen Schmerzen bei der Bewegung sein, die den Hund nur ungern aufstehen und nach draußen gehen lassen. Ein über den rutschigen Fliesen- oder Laminatboden gelegter Teppich kann hier eine ganz einfache Lösung sein. Jolene war ein älterer Langhaarcollie mit rassetypisch starkem Haarwuchs zwischen den Zehen. Sie konnte auf Laminatboden nicht aufstehen, geschweige denn gehen und brauchte Hilfe, um in den Garten zu kommen. Meine Kur? Ein durchs ganze Haus bis zur Hintertür laufender Teppichstreifen, auf dem Jolene ohne Angst vor dem Ausrutschen laufen konnte. Zusätzlich konnten wir ihr durch das Zurückschneiden der überschüssigen Haare zwischen den Zehen zu mehr Gangstabilität verhelfen.

Schwimmen kann für alternde Knochen und Gelenke eine gute Therapie sein, genau wie für Menschen auch.

verschlechtert sich auch das periphere Nerven-system und die mangelnde Stubenreinheit ist das erste Symptom dafür. Deutsche Schäferhunde leiden häufiger unter einer Degeneration der Rückennerven (chronische degenerative Radi-kulomyelopathie, CDRM), bei der sie trauriger-weise die Kontrolle über Hinterläufe, Blase und Schließmuskel verlieren, während Vorderläufe und Gehirn in der Frühphase der Erkrankung unbetroffen bleiben. Ein weiterer Grund für In-kontinenz ist, dass die Kraft des Schließmuskels durch einen allgemeinen Verlust des Muskelto-nus nachlässt und nicht etwa wegen einer fehler-haften Nervenleitung vom Gehirn aus. In solchen Fällen kann der Tierarzt Medikamente geben, die einen anabolischen oder stärkenden Effekt auf die Muskulatur und insbesondere den Schließ-muskel haben.

Wenn Sie dann noch die tierärztliche Behand-lung durch vernünftige Änderungen in Futter- und Wasserversorgung ergänzen und dem Hund viel Bewegung bieten, besteht gute Hoffnung, dass die Alters-Inkontinenz in den Griff zu be-kommen ist.

Anzeichen für das Kognitive Dysfunktionssyndrom ('Hunde-Alzheimer')

Auch beim Hund kann im Alter die Gehirn-funktion nachlassen. Dann entsteht das sogenannte Kognitive Dysfunktionssyndrom, dessen wichtigste Anzeichen sind:

- **Desorientierung:** Der Hund verläuft sich zuhause oder auf Spaziergängen. Er geht zur falschen Tür oder zur falschen Seite der Tür, wo diese in der Angel hängt anstatt da, wo die Klinke ist.

- **Interaktionen** mit Menschen, anderen Hunden und Spielsachen lassen nach. Der Hund kann sich benehmen wie ein 'knurriger alter Mann' – nicht direkt ag-gressiv, aber nicht so offen und zunei-gungsvoll wie früher.

- **Schlaf-/Wachzyklen** können sich verändern, sodass der Hund z.B. tagsüber viel, aber nachts kaum schläft. Das kann dann zu Problemen führen, wenn er nachts auf der Suche nach Gesellschaft durchs Haus streift und Sie schlafen möchten.

- **Stubenreinheit** und andere lange etablierte Gewohnheiten können sich schrittweise oder auch plötzlich verändern. Seine spezielle Art der Begrüßung für Sie oder andere Eigenarten, die ihn von anderen Hunden unterschieden haben, können verloren gehen und damit Teile seiner Persönlichkeit, die Sie lieben und erwarten.

- **Die Aktivität** lässt in der Regel nach. Er hat weniger Interesse an Spaziergängen, kann aber auch ruhelos hin- und herlaufen, hecheln und aussehen, als würde er etwas suchen. Unmotiviertes Bellen, Pfotenlecken, Kratzen an der Tür und ähnliches können recht unerfreuliche Verhalten sein.

Alte Hunde vergessen manchmal die Stubenreinheit, die sie in jungen Jahren gelernt haben. Gehen Sie dann wieder zu den Grundlagen wie zu Welpenzeiten zurück: beschränken Sie den Hund drinnen auf eine Box und gehen zusammen mit ihm in den Garten.

Praktische Lösungen

Tritt das Problem vor allem nachts auf, verlegen Sie die Fütterung auf den Morgen und geben Sie ein leicht verdauliches Futter mit weniger Rohfaser, das geringere Kotmengen produziert. Nehmen Sie (außer bei heißem Wetter) eventuell abends den Wassernapf weg, sodass der Hund früher am Tag trinkt und uriniert.

Gewöhnen Sie ihn daran, sehr oft und regelmäßig nach draußen 'zur Toilette' zu gehen, z.B. jede Stunde auf Signal des Backofentimers. Der Gang in den Garten wird so zu einer konditionierten Reaktion, die mit einem Leckerchen belohnt wird. Alte Hunde können genau wie junge über Konditionierung mit Hilfe von Belohnung trainiert werden, ihr Geschäft auf ein Kommando zu erledigen.

Inkontinenz kann aber auch ein Zeichen generellen Gedächtnisverlustes und nach-

Geschlechtshormone gegen Altersdemenz?

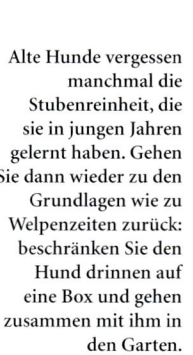

Beim Menschen konnte in Studien nachgewiesen werden, dass das weibliche Hormon Östrogen und sein männliches Gegenstück Testosteron vor Alzheimer schützen. Benjamin Hart hat in Kalifornien die Auswirkungen von Kastration auf die Entwicklung von Altersdemenz bei Hunden untersucht und kam auf die gleichen Ergebnisse wie in der Literatur zur Humanmedizin beschrieben. Testosteron und Östrogen scheinen auf Zellniveau eine echte neurologische Schutzwirkung zu haben, die das Fortschreiten von altersbedingter Demenz zumindest verlangsamt. Dieses Ergebnis wäre natürlich ein Argument gegen Kastration, muss aber sorgfältig gegenüber deren gut dokumentierten Auswirkungen auf Gesundheit und Langlebigkeit abgewogen werden. So wird z.B. bei der Hündin die Wahrscheinlichkeit für Gesäugetumore durch eine Kastration drastisch verringert und kastrierte Rüden neigen weniger zu Verhaltensproblemen.

lassender Gehirnfunktion sein. Der Hund hat einfach vergessen, dass er draußen machen soll. In diesem Fall müssen Sie evtl. zu dem grundlegenden Training zurückkehren, das Sie in der Welpenzeit angewendet haben. Holen Sie die alte Hundebox wieder vom Dachboden oder leihen sich eine von einem Freund und benutzen sie als positive Trainingshilfe. Wenden Sie auch hier wieder das Prinzip der Pavlovschen Konditionierung an: Bringen Sie ihn auf ein regelmäßiges Signal hin von der Box in der Garten und belohnen Sie ihn, wenn er sich löst.

Hunde bekommen auch im Alter leichter Blaseninfektionen, weil sie genau wie ältere Menschen ein schwächeres Immunsystem haben als jüngere. Achten Sie auf verräterische Blutspuren im Urin (fangen Sie ein paar Tropfen mit einem weißen Tuch auf). Eine Behandlung mit Antibiotika kann dann nötig sein, fragen Sie Ihren Tierarzt.

Demenz bei Hunden

Genau wie bei Menschen ist auch bei Hunden zu erwarten, dass sie mit dem Alter einen gewissen Gedächtnisverlust erleiden und schlechter neue Aufgaben lernen. Hier gibt es aber große individuelle Unterschiede und genau wie manche alte Menschen bleiben auch manche alte Hunde bis zum Schluss bei scharfem Verstand.

Leider kann auch die hündische Variante der Alzheimer-Erkrankung mit der damit einhergehenden Demenz ältere Hunde betreffen. Sie ist strikt altersbezogen, was bedeutet, dass großwüchsige Rassen mit ihrer geringeren Lebenserwartung seltener Symptome des sogenannten kognitiven Dysfunktionssyndroms zeigen als langlebigere mittel- und kleinwüchsige Rassen.

Wann die Erkrankung einsetzt und wie schnell sie fortschreitet, ist bei Hunden genauso unterschiedlich wie bei Menschen. Eine von Professor Benjamin Hart und seinen Kollegen

an der Universität von Davis, Kalifornien, durchgeführte Studie ergab, dass 65% der 15 - 16 Jahre alten Hunde Anzeichen eingeschränkter geistiger Funktion zeigten, die Hälfte davon war schwer betroffen. Die Hauptsymptome der Erkrankung finden Sie im Kasten auf S. 171.

Was Sie tun können

Alle fünf Schlüsselsymptome des kognitiven Dysfunktionssyndroms können für sich betrachtet in jedem Lebensalter und aus anderen Ursachen als nachlassender Gehirnfunktion auftreten. Wenn aber zwei oder mehr davon gleichzeitig auftreten und nicht mit einer anderen körperlichen Erkrankung (wie z.B. Herz- oder Atembeschwerden) einhergehen, leidet der Hund aller Wahrscheinlichkeit nach unter dem kognitiven Dysfunktionssyndrom. Was kann man also tun, um den Verlauf zu verlangsamen und dem Hund so lange wie möglich eine gute Lebensqualität zu sichern?

Am besten können Sie Ihren Hund jung erhalten, indem Sie sich jung benehmen: Gehen Sie mit ihm spazieren, spielen Sie komplizierte Suchspiele im Wald mit ihm oder beschäftigen ihn geistig mit den von Nina Ottosson

Alte Hunde erleben oft eine regelrechte Verjüngungskur, wenn ein lebhafter und verspielter Welpe ins Haus kommt.

entwickelten interaktiven Hundespielzeugen aus Holz (siehe Kapitel 4).

Vielleicht ist es auch die richtige Zeit, um über die Anschaffung eines jüngeren Zweithundes nachzudenken: es gibt zahllose Berichte darüber, wie ein aufdringlicher Welpe für eine regelrechte Verjüngungskur bei einem älteren Hund gesorgt hat.

Beim Sezieren der Gehirne älterer Hunde mit ausgeprägtem kognitiven Dysfunktionssyndrom fand man heraus, dass sich am frontalen Kortex (zuständig für Gedächtnis und Lernen) und am Hippocampus (ebenfalls am kognitiven Verhalten beteiligt) ganz ähnlich wie bei an Alzheimer leidenden Menschen Ablagerungen bilden. Deren Ansammlung kann nach Meinung der Wissenschaft durch Nahrungsergänzungen, insbesondere durch Antioxidantien, sowie durch Medikamente zur Verbesserung der Zellfunktion verringert werden. Der beste Weg zum Fitbleiben ist aber, genau wie bei älteren Menschen, viel Bewegung und eine ausgewogene, gesunde Ernährung, wie in Kapitel 7 beschrieben.

Etwas umstrittener ist der Wirkstoff Selegilin, der den Verlauf des kognitiven Dysfunktionssyndroms bei manchen Hunden zu verlangsamen scheint. Er wird im deutschsprachigen Raum unter dem Medikamentennamen Selgian® und in den USA als Anipryl verkauft. Da er noch nicht so lange zugelassen ist, gibt es noch keine Langzeiterfahrungen bezüglich seiner Wirksamkeit.

Die einzige Therapie, die alten Hunden definitiv beim Erhalt ihrer geistigen Fähigkeiten hilft, ist eine Kombination aus äußeren Anreizen, Aktivität und Interesse. Lassen Sie Ihren treuen Freund nicht sein Leben verschlafen, sondern unternehmen Sie viele spannende Aktivitäten mit ihm und fordern Sie seinen Geruchs- und Geschmackssinn (der sich in der Regel nicht verschlechtert) immer wieder mit interessanten, neuen Gerüchen und Geschmäckern.

Die Bedürfnisse alter Hunde sind in vielerlei Hinsicht, wie schon öfter erwähnt, denen alter Menschen erstaunlich ähnlich.

'Hunde haben es in der Hinsicht besser als wir, als dass wir ihnen Leiden im Alter ersparen können.'

Medikamentenbehandlung

Es gibt zwei Medikamente, die in Versuchen vielversprechende Ergebnisse bei der Behandlung des kognitiven Dysfunktionssyndroms gezeigt haben. Diese wurden auch durch die Praxiserfahrungen von Tierärzten bestätigt. Der Wirkstoff Propentofyllin, vermarktet unter den Namen Karsivan® oder Vivitonin®, ist seit Jahren in mehreren Ländern zugelassen und steigert nach den Angaben der Hersteller die Sauerstoffversorgung des Gehirns durch eine bessere Durchblutung.

Wenn es Zeit für den Abschied ist

Hunde haben es in der Hinsicht besser als wir, als dass wir ihnen Leiden im Alter ersparen können, indem wir ihrem Leben ein Ende setzen. Teilen Sie die Verantwortung für diese Entscheidung mit anderen, besonders mit Ihrem Tierarzt. Er oder sie ist am besten in der Lage, die Lebensqualität des Hundes zu beurteilen und wird zur Euthanasie raten, wenn Ihr Hund leidet und sich sein Zustand aller Voraussicht nach nicht mehr bessern wird.

Die Kriterien, die einzelne Tierärzte hier ansetzen, variieren allerdings enorm. Wenn

Zuhause ist der beste Ort, um sich von einem geliebten Hund zu verabschieden, wenn Sie die Entscheidung zum Einschläfern getroffen haben.

Sie das Gefühl haben, dass man Sie zu einer kostspieligen Langzeitbehandlung bei einem Hund mit beispielsweise unheilbarem Krebs drängt, kann das sehr unschön sein. Ich habe keinerlei Zweifel daran, dass manche Hunde mit Hilfe raffinierter Technik zu lange am Leben erhalten werden, was ihnen die Würde nimmt und den emotionalen Konflikt für den Besitzer nur verlängert. Irgendwo gibt es einen Mittelweg zwischen voreiliger Euthanasie eines noch lebensfrohen Hundes und künstlicher Lebensverlängerung bei einem Hund, der kurz vor einem Organversagen steht, nicht mehr laufen kann oder (was sehr wichtig ist) seine Würde verliert, weil er Blase und Darm nicht mehr kontrollieren kann.

Es gibt unterschiedliche Meinungen dazu, ob man den Hund besser in der Tierarztpraxis oder zuhause einschläfern sollte. Für den Tierarzt ist es in der Praxis natürlich bequemer. Meine Erfahrung sagt mir aber, dass es für den Hund besser ist, wenn es zuhause stattfindet, wo er entspannt ist und andere Familienmitglieder oder sogar andere Haustiere dabeisein können. Zuhause ist auch für Sie ein besserer Ort, um

sich zu verabschieden. Verwöhnen Sie Ihren alten Freund mit seiner ganz besonderen Lieblingsdelikatesse und halten Sie ihn im Arm, während er hinübergleitet. Tränen sind erlaubt! Das Tier wird es so erleben, als ob es in einen tiefen Schlaf fallen würde, so wie wir, wenn wir im Krankenhaus eine Narkose bekommen. Es gibt kein Leiden dabei.

Oft werde ich gefragt, ob man die anderen Hunde oder gar Katzen zu dem toten Hund lassen soll. Ich habe diese letzten Interaktionen zwischen Tieren, die viele Jahre zusammengelebt haben, oft beobachtet und glaube, dass es ihnen den Trauerprozess genauso erleichtert wie uns. Tiere erkennen ganz klar, wenn ein anderer tot ist und nicht nur 'vorübergehend fort'.

Ihre eigene Trauer kann sehr schmerzhaft sein und manche Menschen kommen gar nicht allein damit zurecht. Vielleicht hilft es Ihnen, sich von einem profesionellen Tierbestatter begleiten zu lassen, anstatt den toten Hund nur beim Tierarzt zurückzulassen. Das geschulte Fachpersonal versteht, was Sie fühlen und weiß aus eigener Erfahrung, was es bedeutet, einen so langjährigen Freund zu verlieren.

10 Ein besserer Ort für Hunde

Was bringt die Zukunft?

Ein besserer Ort für Hunde

Der besondere Platz der Hunde in unserem Leben. Guter und schlechter Umgang mit ihnen früher und heute. Hunde als Gesellschaftstiere in unserer überbevölkerten und verstädterten Welt. Extrem große und kleine Hunde. Zunehmende Beliebtheit von Hunden in Schwellenländern – wo führt sie hin?

Hunde haben eine sehr besondere Beziehung zu Menschen, weil sie die einzige Spezies sind, die sich uns scheinbar freiwillig ohne Käfige und Ketten anschließt. Vergleichen Sie das nur einmal damit, wie andere Heimtiere gehalten werden: Reptilien, Nager oder Vögel sitzen hinter Glas oder Gitterstäben gefangen – für Hunde fänden wir das völlig inakzeptabel. Hunde haben sich dazu entschieden, als Freunde, Beschützer und Unterhalter in der Nähe von Menschen zu bleiben und werden zum Teil der Familie anstatt nur einem Anhängsel oder bloßen Hobby. Katzen mit ihrem ganz anderen Wesen haben sich mehr

In unserer modernen Gesellschaft erfüllen Hunde eine wichtige Rolle als Begleiter.

'Hunde haben sich dazu entschieden, als Freunde, Beschützer und Unterhalter in unserer Nähe zu bleiben.'

von ihrer freien und unabhängigen Art bewahrt, obwohl auch sie sich aus freiem Willen dem Menschen angeschlossen haben. Beide Tierarten schmeicheln uns auf ihre Weise sehr damit.

Dennoch werden Hunde auch weiterhin auf die finsterste Art und Weise von Menschen missbraucht: für Laborversuche, für organisierte Hundekämpfe (in vielen Ländern immer noch legal und ein lukrativer 'Schwarzmarkt' in anderen) oder als Fleischlieferant.

Archäologische Funde zeigen, dass es in historischer und prähistorischer Zeit in Europa, Asien und Amerika weit verbreitet üblich war,

Hunde zu essen. Heute ist nur noch Asien übrig, wo jährlich schätzungsweise 13 - 16 Millionen Hunde gegessen werden, und zwar nicht nur von armen und hungernden Menschen. Viele Menschen glauben selbst in so technisch hochentwickelten Ländern wie Südkorea, in denen Hunde auch als Haustiere gehalten und größtenteils freundlich behandelt werden, dass Hundefleisch gesundheitsfördernde Eigenschaften hat. In armen und nicht industrialisierten Ländern löst man den Gegensatz zwischen der Haltung von Hunden als Gesellschaftstieren und ihrem Verzehr dadurch auf, dass man sie als Notnahrungsreserve betrachtet und nur in Hungerzeiten isst. Unser europäisches Tabu des Verzehrs von Hundefleisch ist vielleicht erst relativ neu und ein Luxus, den wir uns erst leisten konnten, als billige Nahrungsmittel für die Massen verfügbar wurden. Unter extremen Bedingungen sind wir aber immer noch in der Lage, unsere erklärte Abneigung gegen Hundefleisch aufzugeben: nehmen wir nur den norwegischen Polarforscher Amundsen, dessen Schlittenhunde auf der Expedition zum Südpol von ihm und seinem Team nach und nach verzehrt wurden, als die Not es forderte. Captain Scott, sein glückloser englischer Rivale, ließ seine Männer selbst die Lastschlitten zum Südpol ziehen und dachte nicht darüber nach, Hundefleisch zu essen. Amundsen schaffte es aber zum Südpol und zurück, während Scotts gesamte Mannschaft umkam. Wer hatte nun Recht?

Gerne würde ich denken, dass wir in einem goldenen Zeitalter des Verständnisses und der Wertschätzung für Hunde leben. Die traurige Wahrheit ist aber leider, dass in unserer modernen Gesellschaft Hunde und die Hundehaltung immer stärker von Regeln und Gesetzen eingeschränkt werden.

Ist England wirklich eine hundefreundliche Nation?

Alle drei oder vier Monate bringen die Zeitungen fette Schlagzeilen über eine Hundeattacke, bei der das 'Opfer' schreckliche Verletzungen erlitt. Reißerische Fotos machen dann auf die gefährliche Seite des Hundeverhaltens aufmerksam. Mir sinkt jedes Mal der Mut, wenn solche Berichte erscheinen, weil ich weiß, dass jetzt wieder BBC, Sky oder andere Sender bei mir anrufen und wissen möchten, wie so etwas passieren kann und wie man es in Zukunft vermeiden kann – am besten verpackt in ein Ein-Minuten-Rezept.

Solche Berichte begleiten mich schon mein ganzes Berufsleben lang und die britischen Medien wissen inzwischen, dass ich keine simple Sofortlösung liefere, sondern immer die komplexen zugrundeliegenden Ursachen solch schrecklicher Ereignisse betrachte, wenn zum

Auch heute noch haben Arbeitshunde Aufgaben zu erfüllen. In manchen entlegenen arktischen Regionen ist der Hundeschlitten immer noch das praktischste Fortbewegungsmittel.

Das Training ist nie zu Ende und sollte die ganze Familie mit einbeziehen. Alle können lernen, wie man den Clicker und andere belohnungsbasierte Methoden einsetzt.

Beispiel ein Kind vom eigenen Hund der Familie gebissen wird. Wie schon in Kapitel 2 erwähnt, ist die in vielen Ländern gültige rassespezifische Gesetzgebung keine Lösung. Für mich hat das zu einem 20 Jahre dauernden Kampf mit einem unvernünftigen Rechtssystem geführt, das Menschen kriminalisiert, weil sie einen Hund bestimmten Aussehens besitzen – egal, wie diese Hunde sich verhalten. Proteste in fast ganz Europa, den USA, Australien und anderswo haben versucht, die unsinnigen 'Rassengesetze' zu Fall zu bringen, wurden aber leider von den verantwortlichen Regierungen größtenteils ignoriert.

Dreißig Jahre Tätigkeit in der Verhaltenstherapie von Hunden haben mich pessimistisch gemacht, was die Zukunft der Hunde in unserer Gesellschaft angeht. Warum das? Vor allem deshalb, weil so viele der Probleme, mit denen ich und andere Experten konfrontiert werden, durch Fehler im Training entstehen, auch durch Trainer, die das Konzept des belohnungsorientierten Lernens falsch verstehen und mit Disziplinlosigkeit verwechseln. Das unglückliche Ergebnis sind Hunde, denen niemand Grenzen gesetzt hat.

Hunde sind durch und durch soziale Wesen, die untereinander und mit Menschen anhand fester Regeln von Dominanz und Unterordnung interagieren. Ich gehe aber auch nicht mit den Hundetrainern konform, die Begriffe wie 'Top Dog' oder 'Rudelführer' überstrapazieren und jede Facette des Hundeverhaltens mit sozialer Dominanz und mangelnder 'Rudelführerschaft' des Besitzers erklären.

Das andere Extrem sind diejenigen, die erklären, es gäbe bei Hunden keine sozialen Hierarchien – eine Behauptung, die ungefähr ebenso intelligent ist wie die, die Erde sei gar nicht rund. Dieses Argument ist mindestens ebenso gefährlich, denn es schafft zu viele undisziplinierte und scheinbar unkontrollierbare Hunde. Geistige Entwicklung und Intelligenz eines erwachsenen Hundes werden oft mit der eines zwei-, drei-, vier- oder fünfjährigen Kindes verglichen (ein Vergleich ohne wissenschaftliche Genauigkeit!), aber genau wie man Kinder durch zu viel Nachgiebigkeit verderben kann, so kann man es auch bei Hunden tun, wenn man sie für inakzeptable Verhalten nicht bestraft.

Was inakzeptabel ist und was nicht ist eine Frage der persönlichen Entscheidung und der Umstände. In einem Mietshaus kann ein bellender Hund ein großes Problem sein, während er auf einer einsam gelegenen Farm vielleicht ein Vorteil ist, weil er mögliche Diebe abschreckt.

In der 'Mugford-Methode' geht es, wie Sie bis hierher sicher bemerkt haben, um die richtige Balance. Der Besitzer gibt dem Hund so klar wie eine Verkehrsampel vor, was er tun kann und was nicht. Handelt er bei Rot, gibt es eine Strafe, eine Belohnung gibt es dagegen für Verhalten, die bei Grün gezeigt werden. Alles, was Sie können müssen, ist herauszufinden, was Ihren Hund motiviert und was nicht und dann Belohnungen und Strafe fair und zeitgerecht einsetzen. Was könnte einfacher sein?

Hunde sind die überschwänglichsten und ehrlichsten Unterhalter, die man sich vorstellen kann.

Hunde und Menschen

Etwa die Hälfte der Erdbevölkerung lebt heute in Städten, abgeschnitten von den täglichen Naturerfahrungen durch das Beobachten von Tieren auf Bauernhöfen, in Wäldern oder Meeren. Viele Menschen sind heute mehr von Disney als von Darwin beeinflusst und machen sich falsche Vorstellungen von den Gefühlen der Tiere – sie machen kleine vermenschlichte Charaktere aus den Tieren, die man entweder liebt oder fürchtet.

Die Angst unserer Vorfahren vor Löwen, Tigern oder Wölfen wurde heute durch Angst vor Hunden, Spinnen und Bakterien ersetzt. Es ist eine Welt, in der der arme Hund irgendwie zurechtkommen muss. Kein Wunder, dass Tierpsychologen wie ich so gefragt sind.

Der Hund in der modernen Zeit

Um die Rolle der Hunde in unserer modernen Zeit zu verstehen, müssen wir begreifen, dass sie in einer ansonsten stark vom Menschen beeinflussten und gemachten Welt noch ein integraler Bestandteil der Natur sind. Damit eröffnen sie uns die Möglichkeit, einen Blick in die natürliche Welt hineinzuwerfen und besser zu verstehen, wie sie funktioniert. Betrachten Sie das Leben mit Ihrem Hund einmal als Alternative zum Lesen von Charles Darwin oder seinem zeitgenössischeren Kollegen Richard Dawkins.

Das Internet-Zeitalter hat Tempo und Qualität des menschlichen Sozialverhaltens verändert: lokale Beziehungen zu Nachbarn zählen zwar immer noch, aber Social Media wie Facebook bringen Tausende von Menschen miteinander in Kontakt, die gemeinsame Interessen teilen – zum Beispiel auch ein Interesse für Hunde. Es gibt zahllose Foren für Hundefreunde (und Hundehasser!) und Webseiten, die Rat zu Erziehung, Haltung und Verhalten von Hunden erteilen. Leider sind viele dieser Informationen falsch, widersprüchlich und nicht hilfreich, besonders dann, wenn sie im Hinblick auf Hunde allgemein und nicht eine individuelle Mensch-Hund-Beziehung geschrieben sind. Für alle diejenigen unter uns, die gerne eine individuelle Beziehung zu ihrem Hund hätten, ist die Straßenbesen-Methode der Ge- und Verbote irrelevant.

Die menschlichen Bedürfnisse nach Liebe, Anerkennung und Spaß werden nicht immer durch eine Online-Existenz allein befriedigt. Es ist deshalb unwahrscheinlich, dass Hunde in absehbarer Zukunft überflüssig oder unmodern werden. Das Geschenk ihrer Gesellschaft wird immer gebraucht werden, um das Leben von Menschen besser zu machen, besonders für junge und ältere Menschen, die sich aus irgendeinem Grund am Rand der Gesellschaft einsam fühlen.

Hunde sind gut für uns – egal wie alt wir sind oder was wir verdienen.

Groß und Klein

In der Hundehaltung gibt es gegenläufige Trends, die verschiedene Seiten der menschlichen Natur anzusprechen scheinen: auf der einen Seite gigantisch große Hunde mit einem Macho-Image; auf der anderen extrem kleine 'Handtaschenhunde'. Die Wahrheit ist, dass sowohl der kleine als auch der große trotz des riesigen Kontrastes von beispielsweise einem Chihuahua zu einer Dogge gleichermaßen menschliche Bedürfnisse befriedigen.

Der Modetrend zu Mini-Hunden wurde durch Fotoshootings mit Paris Hilton und anderen Promis gefördert, bei denen die Stars und Sternchen Yorkshire Terrier, Chihuahuas, Malteser und ähliche Hunde mit einem Körpergewicht von manchmal weniger als einem Kilo dabeihatten. Sind diese kleinen Wesen immer noch Hunde? Ja, das sind sie, trotz ihrer extremen körperlichen Veränderungen sind ihre Instinkte und ihre Verhaltensansprüche ganz und gar hündisch geblieben.

Viele der kleinen Hunde, die zu uns kommen, sind sehr unverträglich mit anderen: Sie wurden als Welpen nicht sozialisiert, weil ihre Besitzer Angst hatten, dass sie von größeren Hunden verletzt oder gar getötet werden könnten. Ich verstehe diese Sorge, aber sie ist kein Grund, das Training eines Welpen und das Erlernen sozialer Fähigkeiten zu vernachlässigen. Dieses überzogene Beschützerverhalten der Besitzer sorgt für ständig wachsende Zahlen emotional gestörter Kleinhunde, die sowohl Hunden als auch Menschen gegenüber aggressiv sind. Von Kleinhunden ausgehende Drohungen führen

---

Fallbeispiele: Hunde der Reichen, Hunde der Armen

Ich habe einen Kunden namens Kevin, der obdachlos ist und ein hartes Leben auf den Straßen des reichen Windsor führt. Im gleichen Ort habe ich noch einen anderen Kunden, nur wohnt der im Schloss. Beide lieben ihre Hunde: Kevin seinen schwarzen Labrador Buster und die Queen ihre Corgis. Der riesige Kontrast in den Lebensumständen der beiden wurde mir schlagartig bewusst, als ich Buster einmal zur Vorbereitung einer Aussage für Kevin bei einem Gerichtstermin auf dem öffentlichen Grund vor dem Schloss untersuchte. Buster hatte Kevin drei Winter lang warm gehalten und beschützt. Leider beinhaltete das auch aggressives Bellen und Bedrohen von Polizisten, die sich um Kevin sorgten und nach dem Rechten sehen wollten, als er in einem Türeingang schlief. Bei meiner Untersuchung sah ich, dass Buster nie die Augen von Kevin ließ, ihm überall hin folgte und auf so komplexe Instruktionen wie 'Bleib schön hier, ich komme in 10 Minuten wieder' reagierte. Sie spielten Verstecken, Bällchenwerfen und all die albernen Dinge, die Hundeleute so tun, nur dass es für Kevin und Buster eher eine Frage des Überlebens war, Kevin in einer gnadenlosen Welt warm, fit, nüchtern und gesund zu halten. Nach einem weiteren Zwischenfall wurde Buster beschlagnahmt und in einem Polizeizwinger untergebracht, um auf eine Anhörung zu warten, die seinen Tod hätte bedeuten können. Zum Glück zeigte das Gericht Mitleid und Buster wurde uns übergeben: er lebt nun in ungewohntem Luxus in unserem Haus, mit Wärme, regelmäßigen Mahlzeiten und der Gesellschaft der Mugford-Hunde. Aber ob Kevin seine Trennung von Buster überlebt?

In den 1960er Jahren wurden Old English Sheepdogs in Großbritannien plötzlich infolge einer Fernsehwerbung für Wandfarbe beliebt. Heute sieht man sie kaum noch.

Klein- und Kleinsthunde sind zum neuesten Must-have Accessoire des Hollywood Lifestyles geworden.

oft zu einer Gegenattacke der größeren, die dann für den 'Vorfall' beschuldigt werden. Tierheime haben besonders oft mit riesigen und zwergenhaften Hunden zu tun: sie sind schwieriger in ein passendes Zuhause zu vermitteln.

Die Beliebtheit der einen oder der anderen Hunderasse ändert sich mit der Mode. Nach dem Zweiten Weltkrieg waren Dobermänner (unverdient 'Devil Dogs' genannt), in England der In-Hund schlechthin. Dann waren es zottelige Old English Sheepdogs, gefolgt von faltigen Shar Peis (ein dermatologisches Desaster), Pitbulls, andere 'Statushunde' und nun die Minis. Was kommt wohl als nächstes?

Hunde in der Stadt

Städte können nie der ideale Lebensraum für einen Hund sein, aber viele müssen sich nun einmal mit dieser Tatsache abfinden. In Kapitel 8 sagte ich, dass Wohnungshaltung nicht unbedingt schlecht sein muss, solange die Besitzer für genügend Spaziergänge in Parks, Wäldern und freier Natur sorgen. Die Stadtplaner des viktorianischen Englands und in der Folge auch die vieler anderer Länder hielten viele Grünflächen für notwendig, an denen sich die arbeitende Be-

völkerung am Wochenende entspannen konnte. Wie Recht sie hatten! Damit Stadtparks nicht zu reinen Hundeklos verkommen, teilen verantwortungsvolle Stadtverwaltungen sie auf und sehen eigene Freilaufflächen für Hunde vor. Da der Mensch nun einmal ist, wie er ist und er keinen offensichtlichen Nutzen davon hat, die Exkremente seines Hundes zu beseitigen, finde ich es richtig, dass das Liegenlassen von Hundekot bestraft wird. Eine solche Beseitigungspflicht hat in Sachen Sauberkeit weltweit in vielen Städten Wunder gewirkt und damit eins der häufigsten Argumente von Hundegegnern entkräftet.

Langweilig sind Stadtparks allerdings dann, wenn sie nichts als offene, flache und leere Flächen sind. Hunde gehen gern auf Entdeckungstour in eine Halbwildnis mit Dickicht und Unterholz – Orte, die gleichzeitig auch Lebensraum für Vögel und andere Wildtiere bieten. Oft finden sich in Parks und in Stadtwäldern auch Trimm-dich-Geräte für Spaziergänge und Jogger – da wäre es eigentlich nur ein kleiner, sehr positiver Schritt, auch an die Hunde zu denken und ein paar feste Agilityhindernisse zu installieren wie etwa Reifen zum Durchspringen, Slalomstangen oder Wippen. Freier Zugang zu solchen

Das Spielen mit Hunden bringt beiden Seiten handfeste gesundheitliche Vorteile.

Einrichtungen könnte Menschen und Hunde zu mehr Bewegung motivieren oder sogar sportlichen Ehrgeiz wecken. Ein amerikanisches Unternehmen, 'Barkpark' aus Red Bud, Illinois, hat diese Idee schon verwirklicht und stellt unter dem Motto 'machen Sie die Hundewiese Ihrer Gemeinde zu einem Ziel' eine Reihe stabiler Geräte her, an denen Hunde sich sportlich betätigen und die sie entdecken können. Das Lieblingsspiel aller Hunde bleibt aber: Einen geworfenen Ball zurückbringen … oder damit wegzurennen und sich jagen zu lassen!

Die Zukunft

In großen Teilen der Welt einschließlich China, Indien, Brasilien und anderen sich schnell entwickelnden Ländern wird die Hundehaltung zunehmend beliebter. Wirtschaftskrisen kommen und gehen, aber die Zahl der Hunde in Europa, Nordamerika, Japan, Korea und vielen anderen Ländern scheint zu steigen. Der Wunsch nach der Gesellschaft von Hunden ist heute fast

universell geworden, weil diese eine ganze Reihe emotionaler Bedürfnisse bei uns erfüllen – zum Beispiel das Geben und Nehmen von Zuneigung, was wiederum enorm unser Selbstbewusstsein steigert.

Es gibt überzeugende wissenschaftliche Beweise dafür, dass Hunde ihren Menschen greifbare psychologische und medizinische Vorteile bringen. Sie helfen uns, länger zu leben, und sei es nur deshalb, weil wir weniger gestresst sind und uns mehr bewegen. Studien zeigen, dass Hundebesitzer körperlich gesünder, geselliger und psychologisch stabiler sind und leichter neue Freundschaften schließen als Nichthundehalter oder gar Hundehasser. Besonders groß sind diese Vorteile für Menschen mit Behinderung, aber auch solche, die ein zurückgezogenes Leben führen oder auch junge Paare in der Phase des Einlebens in ein neues Wohnumfeld. Für sie ist ein Haus kein Zuhause, solange sie es nicht mit etwas Lebendigem teilen und für viele ist die Anschaffung eines Hundes der Auftakt zur Gründung einer Familie.

Dank der vielfachen Fortschritte in Veterinärmedizin und Genetik sowie intelligenterer Stadtplanung, die Hunde, Kinder und uns alle besser vor den Gefahren des Straßenverkehrs schützt, sollte die Zukunft für Hunde heute rosiger aussehen denn je. Die Stadtplaner sollten noch stärker versuchen, ein hundefreundlicheres Gleichgewicht zwischen unserem Mobilitätsbedürfnis und der Bereitstellung sicherer Freiflächen zu schaffen. Mindestens so wichtig ist, dass Verwaltungen und Regierungen den Hundebesitzern freien Zutritt zu Wäldern, Feldern und Freiflächen ermöglichen, anstatt sie mit Zäunen, Verboten und Bedrohungen zu konfrontieren. So dürfen Hunde in Deutschland immer noch legal von Jägern geschossen werden, wenn sie sich 'außerhalb erkennbarer Einwirkung ihres Besitzers' im Wald befinden. Auch in Spanien werden während der chaotischen Jagdsaison jährlich zahlreiche Hunde getötet. Wir Hundebesitzer müssen natürlich andererseits sowohl Nutz- als auch Wildtiere respektieren, weil dies eine Frage des Tierschutzes, der Wirtschaft und des gesunden Menschenverstands ist.

von denen Hunde so oft ausgeschlossen sind. Das Schöne an Hunden ist, dass sie keine Elektrogeräte ansammeln, Auto fahren oder sonstwie den Planeten zerstören. Unsere beiden Spezies haben eine wunderbar symbiotische Beziehung entwickelt, auch wenn wir Menschen immer letztendlich die Kontrolle behalten, die

'Das Schöne an Hunden ist, dass sie keine Elektrogeräte ansammeln, Auto fahren oder den Planeten zerstören.'

Einmal von Beschwerden über Bellen und Hundekot abgesehen, sollte Hundehaltung als eine positive Lebensentscheidung betrachtet werden – und schließlich zahlen wir auch Steuern für das Privileg, Hunde halten zu dürfen! Als Gegenleistung dürfen wir mit gutem Recht eine bessere Behandlung von Vermietern, in Restaurants und an anderen Orten erwarten,

Regeln festsetzen und die Nachteile und Strafen in Kauf nehmen müssen, die Hundehaltung mit sich bringt. Ich hoffe, dieses Buch hilft Ihnen dabei, dieses Ziel mit Ihrem Hund zu erreichen.

Die Zuneigung und Freude, die Hunde mir geschenkt haben, war eine der schönsten Erfahrungen meines Lebens. Ich wünsche Ihnen, dass es für Sie genauso ist.

Danksagung

Viele Tausend Hundebesitzer haben zu diesem Buch beigetragen, indem sie im Lauf von drei Jahrzehnten während meiner Arbeit als Tierpsychologe ihre Erfahrungen und Probleme mit mir geteilt haben. Ich danke ihnen allen und hoffe, dass auch sie von unserer Zusammenarbeit profitiert haben. Während ich an diesem Buch schrieb, hat eine langjährige Kollegin und Freundin, Karen Hill, die Arbeit in unserem Behaviour Centre fortgeführt.

Ein besonderer Dank geht an meine Frau Marissa für ihre Geduld und ihren ständigen Ansporn auch in den Momenten, wenn ich mich von dem vergnüglichen Farmleben zu sehr ablenken ließ oder um die Welt reiste. Ein Dank für das Design dieses Buchs geht an das wunderbare Team der Octopus Publishing Group: An Trevor Davies, der das Projekt initiierte, sowie an Joanna Wilson und Caroline Taggart, die es kritisch lektorierten. Danke an sie und an meinen Freund und Motivator Faith Evans, dass sie all das möglich gemacht haben. Sehr dankbar bin ich auch den Menschen und Hunden, die sich die Zeit nahmen, für Fotos in diesem Buch zu posieren, besonders den Trainerinnen Wendy King, Hannah Smith und Fiona Whelan. Die Stars der Fotoshootings waren Bounce, Humphrey, P.C., Lily, Bubba, Buttons, Charli, Star, Shyla, Sancho, Noux und Orejas – ihnen und ihren Artgenossen widme ich das Buch in der optimistischen Hoffnung, dass sich die Dinge für sie zum Besseren wenden, egal, wo auf der Welt sie leben.

Index

A

Aboistop 61f., 94, 95
Absperrgitter 159
Agility 59, 71
Aggression 48, 100, 103, 117
Aggression, gg. andere Hunde 103
Aktivität 76, 144, 156, 171, 174
Akupunktur 107
Allergien 26
Alphawurf 115
Alter Hund 174
Altersdemenz 172
Alzheimer-Erkrankung 171ff.
American Staffordshire Terrier 40, 42
Amundsen, Roald 179
Anbinden 38f., 43, 73
Angst 39f., 60, 73, 89, 100, 102, 104f., 108, 110f., 115, 123, 126, 143, 159, 162, 167, 170, 181f.
Anipryl 174
Anspringen 86f.
Anti-Bell-Halsbänder 62
Antioxidantien 135, 174
Anxiety, homöopatisches Medikament 105
Anxiety Wrap 107f., 115, 126
Arthritis 140, 166f., 170
Autos 37, 162
Ausschlussdiät 30, 143
Auszeit 53

B

Baby 150, 156, 158ff.
Bachblüten 110

BARF 132, 136, 138f., 141f., 145, 147
Barkpark 184
Begrüßungsrituale 88
Beißen 35, 38, 40, 41, 43, 49, 162, 103f., 106, 111, 114, 129
Bellen 11, 61f., 69, 93ff., 113f., 126, 171, 182, 185
Beißen, dominante Hunde 114–130
Beißen, Revierverteidigung 111
Beißen, beim Tierarzt 162
Bei Fuß, Kommando 72, 75, 76
Bearded Collie 101
Bellen, auf Kommando 94
Bellen, bei Besuchern 113
Bellen, im Auto 96
Belohnung 6, 10, 50ff., 55f., 69f., 73, 80, 82, 86, 91, 94, 107, 114, 117, 120, 123, 129, 162, 172, 180
Besitzverteidigung 48
Bett 35, 49, 53f., 115f., 125
Beutetrieb 120, 121
Bewegung 16f., 26, 30, 104, 145, 153, 167, 170f., 174, 184
Billinghurst, Dr. Ian 136
Bindungstheorie 49
Biologische Uhr 23
Blaseninfektion 173
Bleib, Kommando 113, 168
Blindenführhund 79, 168
Blindheit 169
Bloodhound 17
Blutdruck 151
Blutuntersuchungen 161
Border Collie 28, 59, 73,
Border Terrier 27, 95
Boxer 16, 119, 157
Bowlby, John 49
Brachyzephale Rassen 157

Brieftauben 22
Bulldog 14, 83, 157
Bull-Rassen 27, 34, 41, 120
Bullterrier 15, 52

C

Canis lupus 12
Cattle Dog 72
Cavalier King Charles Spaniel 14
Chondroitin 140
Chronische Degenerative Radikulomyelopathie (CDRM) 171
Citronella-Sprayhalsband 62
Clickertraining 56, 62, 66, 70, 72, 74, 82, 91, 104, 111
Clomipramin 105
Cockapoo 33
Cocker Spaniel 17
Corgi 140, 182

D

DAP, Dog appeasing pheromone 19
Dalmatiner 62, 169
Deutscher Schäferhund 22
Diabetes 20
DNA 11f., 14
Demenz 172, 173
Demodexmilbe 30
Desensibilisierung 106, 108
Diabetes 105, 138, 167
Dingos 135
Dobermann 42
Dogge 166, 182
Dogo Argentino 41
Dogwalker 152
Donner 107, 110, 167

E

Elizabeth II, Queen 140, 182
Euthanasie 174, 175

Einsamkeit 151
Euthanasie 163
Essenzielle Fette 135
Essenzielle Fettsäuren 140f.,
Etikette, auf Hundefutter
133
Elektroschockhalsbänder
60, 82, 124
Elektrozaun 61
English Bulldog 13, 14
Epilepsie 14, 20

F

Fährten 81
Fellpflege 163
Fertigfutter 169
Feuerwerk 167
Fütterung 130, 132, 138f.,
140, 147, 150, 169, 172
Fertigfutter 30, 132, 137,
139ff., 145, 147
Fette 135, 144, 147
Fettleibigkeit 132, 138, 147
Fila Brasileiro 41
Fleisch 128, 133ff., 147
Fleischfresser 13, 61, 103,
134f.
Fütterung Feuerwerk 108
Fluoxetin 105
Flecken 88
Fox, Mike 52
Freud, Siegmund 52
Futterstehlen 86
Fuller, John L. 48
Futter, arbeiten für 51
F1-Hybriden 33

G

Gähnen 17
Galgo Espanol 34
Gassiservice 152
Gaumen, gespaltener 101
Gefahrhunde-Gesetze 103,
180

Gefährliche Hunde 41, 103
Gefühle 6, 17, 19, 20, 23, 52,
57, 103, 105, 107, 157
Gegenkonditionierung 86,
106, 111
Gehorsam 37, 66, 67, 74,
117, 123
Gemüse 129, 138, 140, 142,
145, 147
Genetik 14, 129, 166, 184
Genpool 29
Gentle Leader 94
Geräuschangst 105, 107,
108
Geräuschphobie 107, 110
Gesäugetumore 105, 172
Gesellschaft 6, 12, 16f., 23,
38, 40f., 53, 74, 82, 117,
121, 125, 127, 150ff., 171,
178ff., 184
Geschirre 79
Geschlechtshormone 172
Geschmacksstoffe 134
Geschwisterrivalität 39
Gesichtsausdruck 17, 58
Getreide 134, 142, 144
Gewitter 108
Gib Laut, Kommando 94
Gierige Fresser 145
Glukosamin 140
Gluten 142
Golden Retriever 13, 30, 49
Greyhound 16f.
Groomer 163

H

Hafer 142
Hallgren, Anders 113
Halti 4, 76f., 94, 111, 120f.
Handzeichen 70ff., 88
Hart, Professor Benjamin
172f.
Hausbesuche 163
HD 14
Herbert, Jakob 81

Herzfrequenz 106
Heulen 86
Hierarchie 46, 47, 50, 111,
118, 132, 167
Hilton, Paris 182
Hitzschlag 157
Hüftgelenksdysplasie 14
Hundebox 125, 173
Hundehaare 26, 27
Hundekauf 27, 33, 102, 185
Hundeklo 153, 183
Hundepension 156ff.
Hundesalon 163
Hundetagesstätten 152
Hündinnen 33, 88, 92, 118,
133, 166
Hündin, Hitze 19, 33, 88f.
Hund-zu-Hund-Aggression
Hütehunde 28
Hydrotherapie 30
Hygiene 13, 27, 103, 127,
153, 158
Hyperventilation, (schnelle-
res Atmen) 106

I

Immunsystem 26, 143, 173
Impfungen 158, 166
Inkontinenz 128, 170ff.
Innere Landkarte 23
Insekten 19, 168
Instrumentelles Lernen 69
Interaktive Hundespiele 80f.
Internet 23, 26, 29f., 32 67,
157f., 181
Internet, Hundekauf im 32
Inzucht 14, 29
Irish Setter 27, 28

J

Jack Russell 13, 55, 110, 166
Jagen 15, 53f., 60, 121, 123
Jagen, von Fahrrädern 112
Jagen, von Tieren 15, 54,
60, 121,

Jäger und Sammler 16
Jagdhunde 55

K

Kalorienbedarf 52, 144, 145
Kampfhunde 40
Karkassen 139
Kartoffeln 138, 139, 144
Kastration 98, 91f., 117f.,
    128 172
Katzen 19f., 33, 35, 40, 100,
    107, 134, 136, 138, 175,
    178
Kinder 6, 26f., 32f., 37ff.,
    41, 51, 86, 91, 106, 158ff.,
    180, 184
Kläffen 34, 95
Klassische Konditionierung
    69
Kleinhunde 146, 182
Kleinkind 159f.
Knochen 35, 39, 48, 118,
    134ff., 138ff., 146f., 171
Kognition 57
Kohlehydrate 138f., 142,
    145
Kong 91, 145
Kopfhalfter 56, 77, 94, 106,
    120
Koprophagie 128f.
Körpersprache 71, 104, 106,
    111, 119
Kotfressen 62, 86, 128
Kot, wälzen in 60, 93
Krebs 20, 175
Kühlweste 157

L

Labradoodle 33
Labrador 33f., 55, 81, 92,
    182
Lassie 29
Lebenserwartung 27, 166f.,
    173
Lebererkrankung 167

Leckerchen 47, 51f., 56f.,
    62, 72, 74ff., 82, 104, 106,
    108, 110ff., 116, 120, 124,
    134, 159, 161ff., 172
Leinenführigkeit 46, 54, 56,
    66, 160
Liu, Ni 147
Lonsdale, Dr. Tom 136
Lorenz, Konrad 47, 48
Lubbock, Lord 81
Lurcher 27, 28

M

Mais 135, 142f.
Malteser 182
Mäkelige Fresser 145, 146
Markieren, mit Urin 88, 89
Markusmühle 144
Mastiff 52
Maulkorb 38f., 43, 106, 108,
    111, 114, 119ff., 158, 160
Mineralien, Futter 139f.,
    143
Mischlinge 13, 33, 41
Mops 28, 33
Most, Konrad 50
Motivation 52, 55, 81, 104,
    118
Mundgeruch 169
Muskeltonus 171

N

Name des Hundes 66, 68, 70
Nährstoff, Unterversorgung
    140
Nebennierenrinden-Insuffi-
    zienz 20
Nerven, eingeklemmt 103

O

Ohrinfektion 103
Ohrmassage 107
Old English Sheepdog 183
Operante Konditionierung,

    siehe Instrumentelles
    Lernen 69
Objektverteidigung 48
Östrogen 172
Ottosson, Nina 82, 173

P

Pavlov, Ivan 69, 173
Pet Corrector 50, 87, 89, 91,
    120f.
Pflanzenfresser 61
Pheromone 19
Pipipads 128, 153
Pit Bull Terrier 40f.
Platz, Kommando 60, 70,
    96, 113
Prägung 48, 69
Probiotika 140f.
Propentofyllin 174
Psychopharmaka 105
Pudel 33, 81
Pupillen, erweiterte 104,
    106

R

Rangordnung 118f.
Rappeldose 58ff., 87, 91,
    123
Rassehunde 13, 27f.
Rassen, Entwicklung 15
Raufereien 50, 119ff.
Reis 141f.
Restaurants 185
Revierverteidigung 104, 111
Rohfaser, lösliche 142
Rottweiler 29, 42
Rückruf 74, 115, 169

S

Saluki 27f.
Schlaf 53f., 151f., 167, 171,
    175
Scheren 163
Schlittenhunde 179

Schmerzen 6f., 79, 86, 50, 103, 115, 167, 169f.

Schmerzmittel 167

Schnüffeln 54, 71, 88, 127, 151

Schokolade 141

Schutztrieb 158

Scott, Captain Robert Falcon 179

Scott, John Paul 48

Sehkraft, Verlust von 169

Selegilin 174

Selgian 174

Serotonin 142

Sex 92f.

Shar Pei 183

Sharpe, Susan 94, 107

Sitz, Kommando 35, 39, 66, 72ff., 86, 88f., 96, 106, 113f., 116, 159f., 168

Skateboarding 83

Sofa, Sitzen auf dem 53, 60, 116

Soja 133

Soziale Fähigkeiten 37, 114

Soziale Dominanz 39

Sozialisation 37, 70, 118

Spaniel 33, 52

Spazierengehen 26, 127

Speicheln 69, 106

Spielen 39, 52, 54f., 66, 80f., 127, 160, 167, 184

Springer Spaniel 52

Spürhunde 52

Stachelhalsband 56, 79

Städte, Hunde in 54, 153, 178, 183

Stadtparks 153f., 183

Staffordshire Bull Terrier 40f.

Star, grauer 169

Statushunde 41, 183

Stimme 50, 53, 56, 58, 70ff., 82, 106, 117

Strafe 6, 46f., 50f. 53, 57,

59, 62, 69, 73, 82, 86f., 89, 91f., 107, 113f., 117, 120f., 123f., 126, 128f., 158, 180

Stromreizgerät, (Teletakt) 7, 50, 60f.

Stubenreinheit 127, 170ff.

Stubenunreinheit 170

Suchspiele 173

T

Targetstick 71

Taubheit 62, 166f.

Teletakt, siehe Stromreizgerät

Tellington Jones, Linda 161

Tellington Touch 94, 107, 161

Territorialverhalten 111, 113f.

Testosteron 89, 117f., 172

Theobromin 141

Thundershirt 107

Tierheime 12, 34, 38, 40, 152, 183

Tierheimhunde 34, 152

Timing 30, 57, 60, 66, 87, 93, 123f., 129

Tod 41, 43, 59, 163, 166, 182

Toter Hund Trick 82

Tosa 41

Trauer 27, 47, 151, 175

Trauma 30, 103

Trennungsstress 62, 151

Tricktraining 66, 82

Trinken, übermäßiges 167

Tryptophan 142

U

Überempfinglichkeit 143f.

Übergewicht, siehe auch Fettleibigkeit 105

Universität von Davis, Kalifornien 173

Universität von London 17

Universität von Philadelphia

18

Unfälle 4, 33, 156

Unterwerfung 48

Urin, markieren 86, 88f.

V

Vegetarier, siehe Pflanzenfresser 61

Verhaltensprobleme 101, 102, 129

Versicherungen 151

Vertrauen 6, 50, 61, 70, 79, 87, 103, 104, 107, 111, 115

Vibrationshalsband 169

Vitamine 135, 139, 144

Vivitonin 174

W

Wachhunde 16

Wassertherapie 145

Weintrauben 141

Weizen 135, 142

Welpen 7, 11, 19, 27, 29f., 32ff., 37, 54, 60, 69f., 75, 102, 111, 113f., 118, 123, 125, 127f., 133, 141, 151f., 160f., 163, 182

Welpenkauf 29, 32

Whippet 146

Winseln 11, 151

Wirbelsäule, Fehlbildungen der 14

Wölfe 10ff., 61, 135

Würgehalsbänder 49f., 79, 82, 87, 106

Würmer 30

Y

Yorkshire Terrier 182

Z

Zähne, gesunde 134, 136, 138

Zahnerkrankungen 136,

169
Zahnfleisch 134, 136, 167, 169f.
Zahnfleischerkrankungen 136, 138
Zahnpflege 169

Zerrspiele 80
Zerstörerisches Verhalten 125
Zischgeräusch 61f., 88, 93, 95, 121
Ziehen, Leine 54

Züchten 13, 30, 34
Züchter 13 f., 30, 32, 69 f., 102, 125, 151
Zuchtverbände 29, 32
Zweithund 174

Bildnachweis

Alle Fotos Adrian Pope/ Octopus Publishing Group, außer: age footstock/ ArenaCreative 162 li.; FLPA/Angela Hampton 159; H. Schmidt-Roeger 162re.; Alamy/Aurora Photos/Karl Schatz 160; blickwinkel/Schmidt-Roeger u.re.; Jack Cox – Images of Nature 175; Daniel Dempster Photography 17; O. Digoit 4 o.; Farlap 17 u.li.; John Henshall 170; Wayne Hutchinson 28 u.re.; imagebroker/ Harald Theissen 178; Juniors Bildarchiv GmbH 15 u.re., 102; Christina Kennedy 5; Garry Lakin 28 u.li.; Ovia Images/O. Digoit 21; PhotoAlto/es/ Eric Planchard 42 o.li.; RIA Novosti 69; TNT Magazine 34; Petra Wegner 137; wonderlandstock 141; Ardea/Jean Paul Ferrero 135; Coolzonedog.com manufactured by HTFx Inc., Melbourne, Florida 157; Company of animals 4,5; Corbis/Birgid Allig 32; dpa/Jan Woitas 118 u.; Tim Graham 179; National Geographic Society 15 u.li.; Swim INk 2; LLC 15 o.li.; Dr. Roger Mugford 37, 100, 101, 108 re., 171; Getty Images/Brian Asmussen 84; Barcroft Media via Getty Images 31; De Agostini 10; Jamie Grill 183; GK Hart/Vikki Hart 153; Tim Ridley 79 re.; Siri Stafford 28 Mi. li.; your personal camera obscura 154; Medical Detection Dogs 20; Octopus Publishing Group 134 u., 138, 143; Rosie Hyde 185; Geoff Langan 57, 67, 126, 158, 161, 166, 168, 169, 172, 173, 184; Ray Moller 15 Mi. li.; Angus Murray 43 u. re.; Russell Sadur 97, 127 re., 130, 134 o., 136, 144, 145, 156, 180. Press Association Images/Sue Ogrocki/Ap 14 li.; RSPCA Photolibrary 147; Andrew Forsyth 133; Science Photo Library/Thierry Berrod, Mona Lisa Production 11 li.; Gustoimages 105; D. Roberts 11 re.; Shutterstock/ leungchopan 51; Okeanas 150; Scorpp 163; Super Stock/Juniors 63; The Bridgeman Art Library/ Photo © Bonhams, London 15 Mi.re.; The Company of Animals Ltd. 146; Thinkstock/Michael Blann 16; Digital Vision 176; Hemera 42 u.re.., o. re.; iStockphoto 28 Mi.re., 28 o.re., 42 u.li., 59. 183 li. www.anxietywrap.com 115 li.; Titelbild www.fotolia.de